全国水利类高职高专教育规划教材

浙江省优势专业建设教材

# 海堤设计与施工

苏孝敏　郑敬云　曾甄　编著

中国水利水电出版社
www.waterpub.com.cn

## 内 容 提 要

本教材共由四章构成，其中第一章为绪论，主要介绍海堤工程定义、要求、分类、特点及设计相关要素；第二章为海堤工程设计，主要介绍海堤堤线布置、堤型选择、堤身设计、地基处理及稳定与沉降等计算要求；第三章为海堤工程施工，按工艺流程详细介绍了海堤堤基施工、堤身填筑、龙口封堵、护面及堤顶结构施工的要求；第四章为海堤工程设计典型案例，在该章中收集了浙江台州一个典型海堤工程案例，为海堤工程设计与施工提供参考。

本教材适合作为全国水利高职院校水利工程专业围垦工程课程的教材，同时也可作为海堤工程设计与施工的参考用书。

**图书在版编目（CIP）数据**

海堤设计与施工 / 苏孝敏，郑敬云，曾甄编著. -- 北京 : 中国水利水电出版社，2015.10

全国水利类高职高专教育规划教材 浙江省优势专业建设教材

ISBN 978-7-5170-3749-1

Ⅰ. ①海… Ⅱ. ①苏… ②郑… ③曾… Ⅲ. ①海塘－防浪工程－设计－高等职业教育－教材②海塘－防浪工程－工程施工－高等职业教育－教材 Ⅳ. ①U656.31

中国版本图书馆CIP数据核字(2015)第247295号

| 书　　名 | 全国水利类高职高专教育规划教材　浙江省优势专业建设教材<br>**海堤设计与施工** |
|---|---|
| 作　　者 | 苏孝敏　郑敬云　曾甄　编著 |
| 出版发行 | 中国水利水电出版社<br>（北京市海淀区玉渊潭南路1号D座　100038）<br>网址：www.waterpub.com.cn<br>E-mail：sales@waterpub.com.cn<br>电话：（010）68367658（发行部） |
| 经　　售 | 北京科水图书销售中心（零售）<br>电话：（010）88383994、63202643、68545874<br>全国各地新华书店和相关出版物销售网点 |
| 排　　版 | 中国水利水电出版社微机排版中心 |
| 印　　刷 | 北京瑞斯通印务发展有限公司 |
| 规　　格 | 184mm×260mm　16开本　8.75印张　208千字 |
| 版　　次 | 2015年10月第1版　2015年10月第1次印刷 |
| 印　　数 | 0001—1500册 |
| 定　　价 | **23.00**元 |

# 编　委　会


主　编　苏孝敏　郑敬云　曾　甄

参　编　汪文强　陈志力　汤毓玲

林良星　季　岳　朱海军

# 前言

本教材是根据全国水利高等职业院校水利工程专业开设“围垦工程”课程的要求，针对围垦工程中主要建筑物海堤工程的设计与施工进行编写的。

教材第一章绪论由浙江省围海建设集团股份有限公司郑敬云负责编写，第二章海堤工程设计由浙江省水利水电勘测设计院曾甄负责编写，第三章海堤工程施工由浙江同济科技职业学院苏孝敏负责编写，第四章海堤工程设计典型案例由苏孝敏负责收集整理。

在教材编写过程中我们得到了浙江中水工程技术有限公司、浙江省第一水电建设集团股份有限公司、浙江江南春建设集团有限公司、杭州萧山水利建筑工程有限公司、浙江凌云水利水电建筑有限公司、浙江省疏浚工程有限公司等单位的大力支持，在此表示诚挚的谢意！

由于编写水平有限，时间又相对仓促，书中有考虑不周之处，请大家指正！若在使用中有何意见，请告知编者。

**编者**

2015 年 5 月

# 目　录

# 第一章 绪 论

中国是个陆地大国，又是个海洋大国。我国大陆海岸线北起中朝边境的鸭绿江口，沿渤海湾、黄海、东海、南海，经辽宁、河北、天津、山东、江苏、上海、浙江、福建、广东、广西等11个省（自治区、直辖市），到中越边境的北仑河口，全长约1.8万km。从拥有海洋资源的绝对数量来看，居世界第四位；大陆架面积位居世界第五，200海里专属经济区面积为世界第十。我国海岸线总体呈南北分布，其纬度跨越在17°～40°之间，分别濒临黄渤海、东海和南海三个海区。我国海岸线南北纬度跨距大，气候要素差异大，沿海地区时常遭受潮（洪）水侵袭，海堤是防御（洪）水危害的重要工程措施。同时沿岸港湾众多，水沙资源丰富，筑堤造地前景良好，为沿海地区解决人多地少的发展问题提供了经济合理的途径。

## 第一节 海堤工程定义及基本要求

海堤是沿海岸修建的挡潮防浪的堤，是围海工程的重要水工建筑物。GB/T 51015—2014《海堤工程设计规范》中对海堤（海塘、海挡、防潮堤）的定义为：为防御风暴潮水和波浪对防护区的危害而修筑的堤防工程。简单地说，海堤工程就是在海涂上筑堤。

我国修堤历史悠久，在汉代就有海堤。新中国成立后，在整修加固原有海堤的同时，还新建了大量海堤，采用了挖泥船或泥浆泵吸泥筑堤填塘；混凝土异形块保护临水坡；预制沉箱和浮运沉井保护堤脚与丁坝坝头，防止淘刷；并试用尼龙网坝促淤保滩等。我国钱塘江河口有世界闻名的涌潮，潮头壁立，波涛汹涌，其高度可达3.5m，最大潮差达8.9m，曾测到的流速12m/s，海塘顶放置古时铸造的1.5t重的“镇海铁牛”被涌潮推移十余米远。为抗御涌潮对海堤的强大破坏力，清代曾修筑著名的鱼鳞石塘防洪海堤。

我国早期修建海堤工程主要是沿海地区为了有效抵御潮（洪）水，合理治江而进行筑堤，后来很多是结合防洪治江进行围垦筑堤。筑堤主要在涨落潮位差大的滩涂地段进行，防止潮汐浸渍并将堤内海水排出，形成土地，可用于农业生产，又可发展养殖业、工业、旅游业、房地产业及相关产业。海堤工程也慢慢从在高滩海涂上筑土堤向中低滩发展。堤型从土堤、砌石堤向土石混合堤、充泥管袋堤发展。海堤的断面型式从一开始单一的陡墙式、斜坡式向混合式发展。特别是近年来，大型施工船舶、新土工材料、控制爆炸挤淤技术应用于海堤施工中，我国海堤技术和质量都有了很大的发展。

目前，沿海地区已初步形成由江海堤防、水库、闸涵以及沿海防风林带组成的较完整的防风暴潮工程体系。海堤工程建设事关人民群众生命财产安全和经济社会稳定，是抵御风暴潮灾害的重要措施，是我国沿海地区民生水利的重要内容。随着国民经济的快速发展，人民生活水平的不断提高，对防洪防潮的需求日益提高，海堤工程建设将会引起沿海地区更加广泛的关注。正因为海堤工程极其重要，遭水毁后果极其严重，所以我们必须加强对海堤工程建设的管理，确保做到安全可靠、经济合理、技术先进、施工精细、管理规范。

为了确保海堤工程的安全运用，海堤工程应满足稳定、渗流、变形、抗冲刷等直接涉及工程安全的基本要求。另外，也应考虑海堤周边生态、环境以及景观的要求。

## 第二节　海堤工程设计相关要素

海堤工程设计的相关要素有气象与水文、社会经济、工程地形、工程地质等。这些要素调查结果直接影响后期海堤工程设计及施工，所以在海堤工程设计前必须进行细致的调查、收集、测量和必要勘探工作，取得翔实的相关资料。

### 一、气象与水文

天气和海洋与人类活动有非常密切的关系。海洋灾害除海啸和天文大潮外，往往都由气象原因引起，例如造成严重灾害的海洋风暴潮主要由大气中低压系统如台风所引起。

气象与水文资料主要包括气温、风况、降水、水位、流量、流速、泥沙、潮汐、波浪和冰情等。

潮汐是指海面在周期性天体引潮力作用下产生的周期性升降运动。即地球上的海水或江水，受到太阳、月球的引力以及地球自转的影响，在每天早晚会各有一次水位的涨落，早称之为潮，晚称之为汐。

在潮汐涨落的每一周期内，当水位涨到最高位置时，叫高潮或满潮；当水位下降到最低位置时，叫低潮或干潮。从低潮到高潮过程中，水位逐渐上升，叫涨潮；从高潮到低潮过程中，水位逐渐下降，叫落潮。当潮汐达到高潮或低潮的时候，海面在一段时间内既不上升也不下降，分别叫平潮和停潮。平潮的中间时刻叫高潮时；停潮的中间时刻，叫低潮时，相邻的高潮与低潮的水位差叫潮差。

*1. 潮汐*

潮汐的涨退现象是因时因地而异的，但从涨退周期来说，可分为 3 种类型：半日潮、全日潮和混合潮。

（1）半日潮：在一个太阴日（24h50min）内出现两次高潮和两次低潮。它们的高度和历时都几乎相同，潮位时间曲线为对称的余弦曲线。

（2）全日潮：一个太阴月中的大多数太阴日，出现一次高潮和一次低潮。潮位曲线为对称的余弦曲线。

（3）混合潮：有不规则半日潮和不规则全日潮两种情况。

*2. 潮差*

在一个潮汐周期内，相邻高潮位与低潮位间的差值称为潮差，又称潮幅。潮差大小受引潮力、地形和其他条件的影响，随时间和地点不同而不同。中国沿海潮差分布的趋势是东海沿岸最大，渤海、黄海次之，南海最小。

潮差的相关概念如下：

（1）平均潮差。某一定时期内的潮差的平均值，是潮汐的一个重要特征值。中国东海

沿岸平均潮差约 5m，渤海、黄海约 2～3m，南海小于 2m。

（2）最大潮差。某一定时期内潮差的最大值，是潮汐的一个重要工程特征值。中国著名的钱塘江河口潮汐，最大潮差近 9m。世界上最大潮差发生在加拿大的芬地湾，达 19.6m。

（3）最小潮差。某一定时期内的潮差的最小值。

3. 潮位

从 1957 年起，我国的统一高程基准面是根据青岛验潮站的多年（一般取 19 年）平均海平面确定的，即黄海平均海平面。

受潮汐影响周期性涨落的水位称潮位，又称潮水位，中国通常以黄海平均海平面作为水位高程的零点。

潮位的相关概念如下：

（1）平均潮位。逐时观测记录潮位的平均值。某一定时期（一日、一月、数月、一年或多年等）的平均潮位称该时期的平均海面。潮汐具有 18.61 年长周期的变化，因此，一般以 19 年的观测资料求得潮位平均值。

（2）平均高潮位。某一定时期内的高潮位的平均值。

（3）平均低潮位。某一定时期内的低潮位的平均值。

（4）最高潮位。某一定时期内的最高高潮位值。

（5）最低潮位。某一定时期内的最低低潮位值。

（6）设计（高）潮位。工程设计采用的高潮位值，一般采用与设计重现期相应的高潮位值。

（7）设计低潮位。工程设计采用的低潮位值，一般采用与设计重现期相应的低潮位值。

4. 海浪

海浪一般是风浪、涌浪以及涌浪传播到海岸所引起的近岸波的总称。

（1）风浪是在风的直接持续作用下所产生的波浪。

（2）涌浪是风停止后，海面存在的波浪或传到无风区的波浪。

（3）近岸波是由外海的风浪或涌浪传至海岸附近，受地形作用改变了波动性质而形成的一种波浪。

波浪运动的实质是水质点周期振动引起的水面起伏现象。波浪的基本要素和名称有波峰、波谷、波高、波长、周期、波速等（图 1－1）。

另外在气象与水文中我们还需要收集与工程有关河口或海岸地区的水系、水域分布、河口或岸滩演变和冲淤变化等资料。

海岸是临接海水的陆地部分。进一步说，海岸是海岸线上很狭窄的那一带陆地。

根据海岸动态可分为堆积海岸和侵蚀性海岸，根据地质构造划分为上升海岸和下降海岸。

根据海岸组成物质的性质，海岸可分为基岩海岸、砂砾质海岸、平原海岸、红树林海岸和珊瑚礁海岸。

河口是河流和受水体的结合地段。受水体可能是海洋、湖泊、水库和河流等，因而河口可分为入海河口、入湖河口、入库河口和支流河口等。河流近口段以河流特性为主，口外海

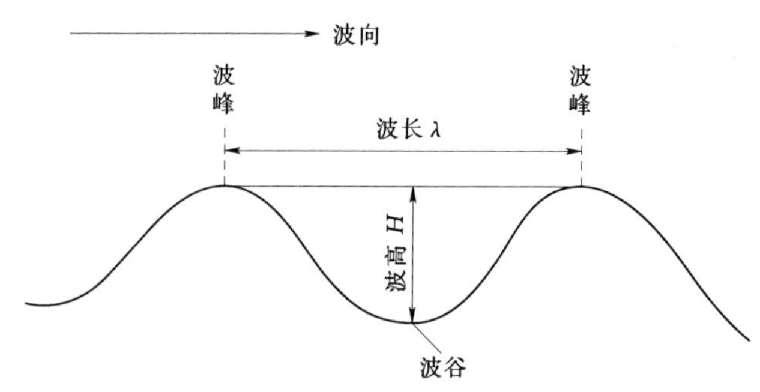


图 1－1　波浪的基本要素

滨以海洋特性为主，河口段的河流因素和海洋因素则强弱交替地相互作用，有独特的性质。

## 二、社会经济资料

社会经济资料是指海堤防护区及海堤工程区的社会经济资料。

海堤防护区社会经济资料主要包括面积、人口、耕地、城镇分布等社会概况，农林、水产养殖、工矿企业、交通、能源、通信等行业的规模、资产、产值等国民经济概况，生态环境状况，历史潮（洪）灾害情况等。

海堤工程区的社会经济资料应包括土地面积、耕地面积、人口、房屋、固定资产等，农林、水产养殖、工矿企业、交通通信等设施，文物古迹、旅游设施等。

## 三、工程地形

1～3 级海堤工程各设计阶段的地形测量资料比例尺、图幅范围及断面间距应满足海堤设计规范的要求见表 1－1。

**表 1－1　　海堤工程各设计阶段的测图要求**

<table>
<tr><th>图别</th><th>建筑物类别</th><th>设计阶段</th><th>比例尺</th><th>图幅范围及断面间距</th><th>备　注</th></tr>
<tr><td rowspan="2">地形图</td><td rowspan="2">海堤<br>穿（跨）堤建筑物</td><td>规划</td><td>1∶10000～1∶50000</td><td rowspan="2">横向自堤中心线向两侧带状展开 100～300m，纵向应闭合至自然高地或已建海堤、路、渠堤</td><td rowspan="2">砂基及双层地基背海侧应适当加宽，以涵盖压、盖重范围。如临海侧为侵蚀性滩岸，应扩至深泓或侵蚀线外</td></tr>
<tr><td rowspan="6">可行性研究、初步设计</td><td>1∶1000～1∶10000</td></tr>
<tr><td rowspan="2">纵断面图</td><td rowspan="2">海堤</td><td>1∶200～1∶500</td><td>包括建筑物进出口及两侧连接范围</td><td>初步设计宜取大比例尺</td></tr>
<tr><td>竖向 1∶100～1∶200</td><td>二</td><td rowspan="2">初步设计宜取大比例尺。<br>堤线长度超过 100km 时，横向比例尺可采用 1∶10000～1∶50000</td></tr>
<tr><td rowspan="3">横断面图</td><td rowspan="3">海堤</td><td>横向 1∶1000～1∶10000</td><td>二</td></tr>
<tr><td>竖向 1∶100</td><td rowspan="2">新建海堤每 100～200m 测一断面，测宽 200～600m。加固海堤每 50～100m 测一断面，测宽 200～600m</td><td rowspan="2">初步设计断面间隔宜取下限。曲线段断面间距宜缩小。横断面宽度超过 500m 时，横向比例尺可采用 1∶2000。老堤加固横向比例尺亦可采用 1∶200</td></tr>
<tr><td>横向 1∶500～1∶1000</td></tr>
</table>

加固、改建和扩建海堤工程还应同时提供堤顶和临海、背海侧堤脚线的纵断面图。

### 四、工程地质

海堤工程设计的工程地质及筑堤材料资料应符合 SL 188—2005《堤防工程地质勘察规程》的规定，并应满足设计对地质勘察的要求。

工程地质资料包括土层分层、含水量、容重、抗剪强度、$e-p$ 曲线、承载力、桩周摩阻力等。

海堤工程设计应充分利用已有的海堤工程及堤线上其他工程的地质勘察资料，并应收集险工堤段的历史和现状险情资料，查清历史溃口堤段的范围、地层和堵口材料等情况。

新建海堤及无地质资料的旧堤加固、改建和扩建工程应进行工程地质勘察。对于已有地质资料但不能满足 SL 188—2005《堤防工程地质勘察规程》要求的旧堤加固、改建和扩建工程，还应对其进行补充勘察。

软土堤基上的旧堤加固工程，应查明旧堤的填筑材料和填筑时间等情况。

## 第三节　海堤工程分类及特点

### 一、海堤工程分类

我国海堤工程种类繁多，按筑堤材料分为土堤、砌石堤、土石混合堤、钢筋混凝土防洪墙等。

按工程建设性质可分为新建、老堤加固或改建、扩建。

海堤工程按迎水坡外形可分为斜坡式、陡墙式和混合式三类。

(1) 斜坡式：迎水面坡比 $m>1$ 的海堤。

(2) 陡墙式：迎水面砌筑成坡比 $m<1$ 的陡墙。

(3) 混合式：海堤迎水面由斜坡和陡墙联合组成。

### 二、海堤工程特点

海堤工程的特点如下：

(1) 海堤工程位于潮间带，水下施工和候潮施工工作量大，受潮汐影响大。工程往往跨汛期，度汛保护要求较高、风险大。

(2) 海堤工程常常遭遇软土地基，地质条件差。地基稳定和沉降控制是工程设计的重点。往往需控制加载速率，分层加载施工，以保证施工安全。

(3) 海堤工程是抵抗潮浪作用的屏障，台风暴潮频繁，波浪打击力大，必须有足够的抗击波浪稳定性。设计波浪分析和取值对工程造价影响大。

(4) 滩涂面受洪水、潮流和波浪作用随季节变化，尤其在钱塘江河口地区，海堤工程必须抓住时机，适时圈围，这是工程成败的关键。

(5) 海堤工程主要采用当地建筑材料，土石方的开采对工程造价影响较大。海堤工程设计需十分重视料场的选择，充分估计料场的储量、质量和开采强度能否满足施工要求。

# 第二章 海 堤 工 程 设 计

为了实现防潮（洪）总体目标，海堤工程应按照相关规划确定的任务和标准进行设计。位于城市段海堤工程，是城市总体规划的组成部分，应符合城市总体规划确定的任务和要求。河口区的海堤工程，同时承担防潮防洪任务，在设计中必须符合河道治导线的要求。海堤工程设计应根据地形、地质、潮汐、风浪、筑堤材料和管理要求进行设计。海堤工程设计应包括堤线布置及堤型选择、海堤堤身设计、地基处理及堵口设计等内容。

## 第一节 防潮（洪）标准与级别

### 一、海堤工程防潮（洪）标准

海堤工程设计前必须选定合理的海堤防潮（洪）标准。海堤工程的防潮（洪）标准应根据现行国家标准 GB 50201—2014《防洪标准》中各类防护对象的规模和重要性选定。保护特殊防护区的海堤工程防潮（洪）标准应按表 2-1 选定，当表 2-1 规定的内容不满足实际需要时应经技术经济论证重新选定。

**表 2-1　　特殊防护区海堤工程防潮（洪）标准**

<table>
<tr><td colspan="2" rowspan="2">海堤工程防潮（洪）标准<br>（重现期）/年</td><td rowspan="2">≥100</td><td rowspan="2">100～50</td><td>50～30</td><td>30～20</td><td>20～10</td></tr>
<tr><td colspan="2">50～20</td><td></td></tr>
<tr><td rowspan="4">特殊防护区</td><td>高新农业/万亩[①]</td><td>≥100</td><td>100～50</td><td>50～10</td><td>10～5</td><td>≤5</td></tr>
<tr><td>经济作物/万亩</td><td>≥50</td><td>50～30</td><td>30～5</td><td>5～1</td><td>≤1</td></tr>
<tr><td>水产养殖业/万亩</td><td>≥10</td><td>10～5</td><td>5～1</td><td>1～0.2</td><td>≤0.2</td></tr>
<tr><td>高新技术开发区<br>（重要性）</td><td>特别重要</td><td>重要</td><td colspan="2">较重要</td><td>一般</td></tr>
</table>

① 1 亩=0.0667hm$^2$，全文余同。

采用高于或低于规定防潮（洪）标准进行海堤工程设计时，其使用标准应经论证。

海堤工程上的闸、涵、泵站等建筑物和其他构筑物的设计防潮（洪）标准，不应低于海堤工程防潮（洪）标准，并应留有适当的安全裕度。

当各类防护对象可以分别防护时，宜采取分别防护措施。各段海堤工程的防潮（洪）标准由防护对象的防潮（洪）标准分别确定。同一封闭区的海堤工程防潮（洪）标准应一致。当不能采取分别防护措施时，海堤工程的防潮（洪）标准应取各防护对象中较高的防潮（洪）标准。

## 二、海堤工程的级别

海堤工程的级别应根据其防潮（洪）标准按表 2-2 确定。

表 2-2　　海堤工程的级别

| 防潮（洪）标准（重现期）/年 | ≥100 | 100～50 | 50～30 | 30～20 | <20 |
|---|---|---|---|---|---|
| 海堤工程的级别 | 1 | 2 | 3 | 4 | 5 |

采用高于或低于规定级别的海堤工程应论证。

# 第二节　堤线布置及堤型选择

## 一、海堤堤线布置

堤线布置应依据防潮（洪）规划和流域、区域综合规划或相关的专业规划，结合地形、地质条件及河口海岸和滩涂演变规律，并应考虑拟建建筑物位置、已有工程现状、施工条件、防汛抢险、堤岸维修管理、征地拆迁、文物保护和生态环境等因素，经技术经济比较后综合分析确定。

海堤堤线布置应遵循以下主要原则：

（1）堤线布置应服从治导线或规划岸线的要求。

（2）堤线走向宜选取对防浪有利的方向，尽量避开强风和波浪的正面袭击。

（3）堤线布置宜利用已有旧堤线和有利地形，选择工程地质条件较好、滩面冲淤稳定的地基，宜避开古河道、古冲沟和尚未稳定的潮流沟等地层复杂的地段。

（4）堤线布置应与入海河道的摆动范围及备用流路统一规划布局，避免影响入海河道、入海流路的管理使用。

（5）堤线宜平滑顺直，避免曲折转点过多，转折段连接应平顺。

（6）堤线布置与城区景观、道路等结合时，应统一规划布置，相互协调。应结合与海堤交叉连接的建（构）筑物统一规划布置，合理安排，综合选线。

（7）堤线布置应结合耕地保护，有利于节约集约利用土地。

（8）对地形、地质和潮流等条件复杂的堤段，堤线布置应对岸滩的冲淤变化进行预测，对堤线布置影响较大时应进行专题研究。

## 二、海堤堤型选择

堤型选择应根据堤段所处位置的重要程度、地形地质条件、筑堤材料、水流及波浪特性、施工条件，结合合理利用土地、工程管理、生态环境和景观及工程投资等要求，综合比较之后确定。

我国沿海人民在抗风浪、御大潮的斗争中，因地制宜，就地取材，创造了多种多样的海堤结构型式。我国海堤的型式，随堤基高程、风浪潮流大小、土质软硬、施工条件、材料来源及地方习俗的不同而异。早期在平均高潮位或小潮高潮位以上筑堤时，小潮期一般

滩地上不淹水，土质较硬，即使滩地淹没时，水深也不大，风浪较小，施工较易。在这类高滩上筑堤，一般以土堤为主，迎水面种植草皮或做干砌块石护坡。在盛产石料的岸段，也常用陡墙护面。20 世纪 80 年代以来，东南沿海一带高滩地越来越少，堤线逐渐外移到中潮位以下。这时，因滩地较低，土质较软，水深增加，风浪增大，施工时土方易被冲刷流失，因此，在水中施工需要采用土石混合堤。

土石混合堤海堤的断面，按其迎水坡外形通常可分为斜坡式、陡墙式（含直立式）和混合式三类。

**（一）斜坡式海堤**

习惯上把迎水面坡比 $m>1$ 的海堤称为斜坡堤。斜坡式海堤断面如图 2-1 所示，这是较常用的断面型式。从堤身材料看，常用的是土堤和土石混合堤，并在迎水面设置护面保护。护面的种类有干（浆）砌石、抛石、混凝土、钢筋混凝土、模袋混凝土、栅栏板、异形人工块体及水泥土等，我国海堤以砌石护坡使用最广（图 2-2）。高滩围垦时，对堤前滩宽、浪小、滩地呈淤涨趋势或稳定的堤段，或堤前滩地较宽、有防浪作物掩护的堤段，常采用不做工程护面的土堤，而仅在坡面上种植草皮或其他适宜的植物护坡。

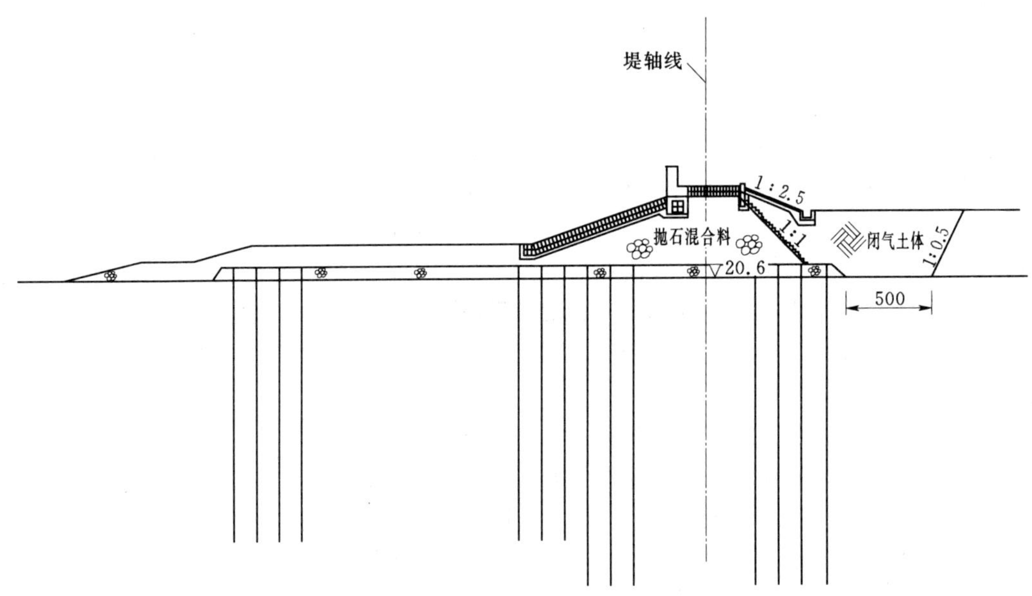


图 2-1　斜坡式海堤断面图（单位：cm）

斜坡式海堤的优点是迎水坡较平缓，反射波小，大部分波能可在斜坡上消耗，防浪效果较好；地基应力分布较分散均匀，对地基要求较低；稳定性好；施工较简易，便于机械化施工；便于修复。其主要缺点是断面大，占地多；波浪爬高（当迎水坡 $m=1.5\sim2.0$ 时）较大，需较高的堤顶高程。斜坡式海堤可用于风浪较大的堤段。

**（二）陡墙式海堤**

此类海堤断面迎水面用块（条）石、混凝土等砌筑成面坡比 $m<1$ 的陡墙。陡墙式海堤断面如图 2-3 所示。墙后设置碎石反滤层或土工布反滤，也有采用抛石渣代替的，同时在后方填筑土方。

图 2-2 斜坡式海堤实例图

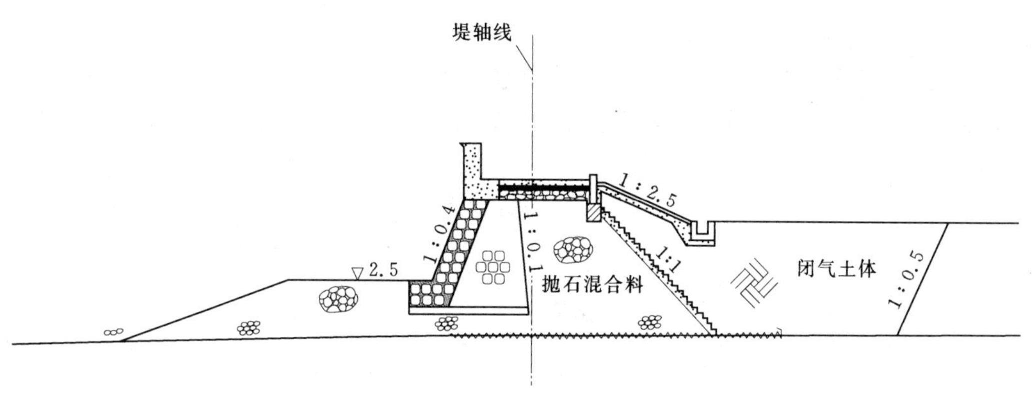


图 2-3 陡墙式海堤断面图

陡墙式海堤的优点是断面小，占地少，工程量较省；波浪爬高较斜坡堤小，堤顶高程可略低；施工时采用“土石并举、石方领先”的方法，以石方掩护土方，可减少土方被潮浪冲刷流失。陡墙式海堤的缺点是堤基应力较集中，沉降较大，对地基要求较高；堤前波浪底流速较大，易引起堤脚冲刷，需采取护脚防冲措施；波浪破碎时对防护墙的动力作用强烈，波浪拍击墙身，浪花随风飞越溅落堤顶及内坡，对海堤破坏性较大，因此对砌石结构要求较高，堤顶及内坡也要采取适当防护措施；防护墙损坏后维修较困难。

陡墙式海堤一般用于波浪不大、地基较好的堤段。从水动力学的观点看，一般情况下在堤轴线位于破波带外，且受立波作用，或在堤前水浅、浪小的堤段，均可考虑采用此类围堤（图 2-4）。

图 2-4 陡墙式海堤的实际应用

**（三）混合式海堤**

混合式海堤迎水面由斜坡和陡墙联合组成，混合式海堤断面如图 2-5 所示。混合式海堤主要分两种：一种是上部为斜坡，下部为陡墙；另一种是上部设陡墙，下部为斜坡。

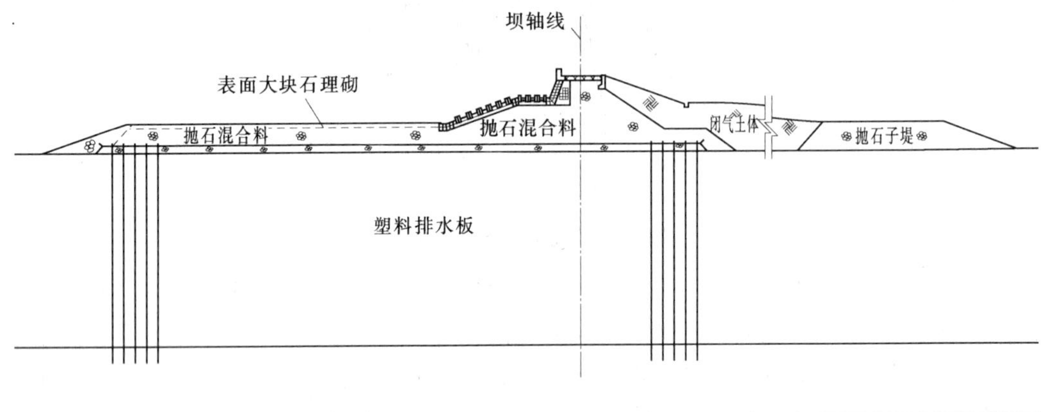


图 2-5 混合式海堤断面示意图

混合式海堤具有斜坡式和陡墙式两者的特点，如果将两种形式进行适当组合，合理应用，可发挥两者的优点。但海堤变坡转折处，波流紊乱，结构易遭破坏，需要加固。混合式海堤一般在涂面较低、水深较大的情况下采用（图 2-6）。

海堤的断面结构型式和使用材料，即要经济合理，安全可靠，又要因地制宜，就地取材。选择堤型要根据各种堤型的特点和当地自然条件（地形、地质、潮汐、风浪、水流

图 2-6　混合式海堤的实际应用

等)、当地材料、施工条件、运用和管理要求、工程造价及工期等因素，进行综合分析研究和技术经济比较，必要时还需做模型试验后才能确定。

当堤线较长或地质、水文条件变化较大时，宜分段设计，各段可采用不同的断面型式，结合部位应做好渐变衔接处理。

## 第三节　海堤堤身设计

海堤应根据地形、地质、潮汐、风浪、筑堤材料和管理要求分段进行堤身设计，妥善处理各堤段结合部位的衔接，堤身断面应构造简单、造型美观，少占用耕地，便于施工和维修。堤身设计应包括筑堤材料及填筑标准、堤顶高程、堤身断面、护面结构、堤顶结构、护坡基脚和护脚、消浪措施等设计内容。有抗震要求的海堤，堤身结构应按现行行业标准 DL 5073—2000《水工建筑物抗震设计规范》的有关规定执行。

### 一、筑堤材料及填筑标准

堤身土料宜选用黏性土，填筑土料含水量与最优含水量的偏差宜为±3%。采用淤泥、淤泥质土及粉细砂作为筑堤材料时，可采取加大堤身断面、放缓边坡或堤身分层水平排水固结等措施保证堤身稳定。

海堤素混凝土强度等级不宜小于 C20，钢筋混凝土强度等级不宜小于 C25，位于潮汐区和浪溅区的钢筋混凝土和 1 级、2 级海堤的素混凝土应提高混凝土强度等级，并应采取防腐蚀措施。

黏性土碾压填筑标准应按压实度确定，黏性土压实度值应符合表 2-3 的规定。

砂性土填筑标准应按相对密度确定，相对密度值应符合表 2-4 的规定。有抗震要求时，应进行专门的抗震试验研究和分析。

表 2-3　　黏性土压实度

| 海堤级别及堤高 | 压实度 |
|---|---|
| 1 级海堤 | ≥0.95 |
| 2 级海堤和高度不低于 6m 的 3 级海堤 | ≥0.93 |
| 3 级以下海堤及高度低于 6m 的 3 级海堤 | ≥0.91 |

表 2-4　　砂性土相对密度

| 海堤级别及堤高 | 相对密度 |
|---|---|
| 1 级、2 级和高度不低于 6m 的 3 级海堤 | ≥0.65 |
| 3 级以下海堤及高度低于 6m 的 3 级海堤 | ≥0.60 |

溃口复堵、港汊堵口、水中筑堤、软弱堤基上的土堤及冻土填筑的土堤，设计填筑密度应根据采用的施工方法、土料性质等条件，结合已建成的类似海堤工程的填筑标准分析确定。

水中填筑和无法碾压的海堤应结合实际情况，设计填筑要求应以变形控制为目标，提出相应的填筑要求。

## 二、堤顶高程

堤顶高程是指沉降稳定后的海堤顶面高程，对设有防浪墙的海堤，堤顶高程指防浪墙顶面高程。堤顶高程一般经潮位、波浪及波浪爬高计算并加安全加高后确定。对河口地区的海堤，由于吹程较短，风浪影响相对较小，因此有时也可不专门计算波浪爬高，而在超高值中适当考虑风浪爬高的影响，即由设计高水位加上加大的超高值后确定堤顶高程。

### （一）堤顶高程计算

$$Z_p = h_p + R_F + \Delta h \tag{2-1}$$

式中　$Z_p$——设计频率的堤顶高程，m；

$h_p$——设计频率的高潮（水）位，m；

$R_F$——设计波浪条件下，累积频率为 $F$ 的波浪爬高，m；

$\Delta h$——安全加高值，m，按海堤的等级确定，一般取 0.5～1.0m。

设计潮位重现期根据海堤的等级确定。关于潮位与波浪的设计频率组合问题，如何取值与组合更合理，长期以来一直存在争议，国内也已开展了大量这方面的研究工作，如广东省水利部门提出采用相应年最高潮位日的最大风速进行频率分析结果来进行波浪计算；上海水利工程设计院提出用“风暴潮重现期”代替原来采用的设计潮位加风级组合的方法等。目前 GB/T 51015—2014《海堤工程设计规范》中设计波浪的重现期采用的是与设计潮位重现期相同。

在设计波浪条件下的波浪爬高累积率的选取应根据海堤的工作特性确定，当海堤按不允许越浪设计时，国内一般取爬高累积率为 2%；当海堤按允许部分越浪设计时，一般取 13%。

由上我们可以看出，采用允许越浪方案可以降低堤顶高程。有时由于地基软弱承载力

低或经济等原因，堤顶高程受到限制时，一些工程往往采用允许越浪方案以降低堤顶高程，如浙江海宁、海盐等岸段因地基为高压缩、低强度的软弱土层，塘身不能太高，有些塘段经论证后按允许越浪考虑，在塘顶、塘后采取防冲保护措施。也有采用外坡护面加糙，如设置消浪块体、插砌条石等以提高消浪效果，减小波浪爬高，或采用建离岸堤等消浪设施以降低堤顶高程。海堤采用允许越浪，越浪量应在允许范围以内，见表2-5。

**表2-5　　海堤允许越浪量**

| 海堤表面防护 | 允许越浪量/[$m^3/(s\cdot m)$] |
|---|---|
| 堤顶及背海侧为30cm厚干砌块石 | ≤0.01 |
| 堤顶为混凝土护面，背海侧为生长良好的草地 | ≤0.01 |
| 堤顶为混凝土护面，背海侧为30cm厚干砌块石 | ≤0.02 |
| 海堤三面（堤顶、临海侧和背海侧）均有保护，堤顶及背海测均为混凝土保护 | ≤0.05 |

软基上的海堤竣工后会发生固结沉降，为保证设计堤顶高程，在设计时需要预留沉降量（包括堤身沉降和堤基沉降）。海堤沉降过程较长且沉降量较大，竣工后沉降量常达堤身高度的10%以上。沉降量与土质、堤高、施工条件等因素有关，一般可通过沉降计算并结合施工条件和本地实践经验分析论证后确定。根据海堤建设经验，海堤竣工后软土地基固结沉降量一般可达到塘身高度的10%～20%，对港湾内及新建的海堤取大值，对河口与老海堤加高及地基经塑料排水带处理的取小值。

**（二）设计高潮位**

海堤设计高潮位的确定，国内目前有以下几种方法：

（1）年最高潮位频率分析法。以年最高潮位值为样本进行频率分析，确定设计重现期的潮位值。

（2）历史最高潮位法（有些地区称暴潮水位法）。采用观测时段或历史记录中的最高潮位作为设计潮位。

（3）组合频率法。将实测潮位分离成天文潮和风暴增水值两部分，分别确定天文潮频率和增水频率，再求两者的组合频率，两者的取样和组合的方法也不尽相同。

（4）叠加法。采用某种特征高潮位和某种特征增水值直接叠加的方法。其中特征高潮位一般取台风期大潮平均高潮位或台风期平均高潮位；增水值取高潮位的最大增水值或某种频率增水值。

方法（1）目前国内应用得最多，有关规范也采用此法。方法（2）过去在围海工程中由于潮位资料缺乏，在中小型工程中曾广泛采用，但因历史最高潮位代表的重现期不明确，其缺点是很明显的。方法（3）组合频率概念明确，但计算工作量大，国内也进行一些研究，位于杭州湾北岸的秦山核电站、嘉兴电厂等重要工程，都采用了这种方法。根据杭州湾和上海地区的一些计算结果，按组合频率法得到的重现期潮位比按年极大值频率分析法得到的略大。方法（4）得出的设计潮位，重现期也不明确，我国大亚湾核电站工程设计水位采用最大天文潮潮位和100年一遇增水叠加的方法得出，但此法目前国内海堤设计中应用不多。

潮位频率分析的线型，国内一般采用极值Ⅰ型（耿贝尔分布）和皮尔逊Ⅲ型，我国海堤工程设计较多采用皮尔逊Ⅲ型。由于我国海岸线漫长，影响沿海潮汐因素复杂，各地潮汐情况不同，每种理论线型也有一定局限性，因此重要工程宜对常用线型加以比较论证、择优选用。

**（三）波浪计算**

海堤设计的波浪计算一般有两种情况：一种是工程点或附近有波浪实测资料，利用实测波浪资料并进行必要的计算，确定海堤堤址处的设计波浪；另一种是利用风场资料，按风浪要素推算方法确定波浪要素。

1. 波浪要素

风浪的成长取决于风速、风区长度和风作用延时等风场要素，在有限深度水域，风浪还受水域水深的影响。

（1）风速。风浪计算所采用的风速有一定的取值标准，包括测风高度和测风时距标准。如果风速资料不符合取值标准，应分别订正为标准值。

波浪计算风速规定采用水面以上10m高度处的风速值。一般认为近地面层中，风速沿高度的变化接近对数曲线，故常采用对数律进行换算。

（2）风区长度。风区是风速、风向大致相同的水域。对于水域较小的情况，风可遍及全部水域，风区长度可取为由计算点逆风向量到对岸的距离。当水域周界不规则或水域中有岛屿时，风区长度计算宜考虑水域周界的影响。目前国内海堤设计中常采用有效风区方法。有效风区法考虑主风向两侧45°范围内射线的影响。

（3）风作用延时。利用岸站风速资料确定波浪要素的方法，一般适用于有限风区的水域，因此风浪多处于受风区长度控制的稳定状态而与风时无关。国内目前对风区小于100km的有限风区水域，不考虑风延时的作用。在海堤工程设计中，通常也是按稳定状态风浪考虑的。

（4）水深。风浪计算水深一般采用水域平均水深。当沿风区的水域水深变化较小时，水域平均深度一般可沿计算方向做出地形剖面图求得。当水域深度变化大时，宜将水域分成几段，分段计算波浪要素。

2. 波浪要素计算

（1）不规则波对应平均波周期的波长 $L$ 可按式（2-2）计算。

$$L=\frac{g\overline{T}^2}{2\pi}\text{th}\frac{2\pi d}{L} \tag{2-2}$$

式中 $L$——波长，m；

$\overline{T}$——平均周期，s；

$g$——重力加速度，$g=9.81\text{m/s}^2$；

$d$——水深，m。

波长 $L$ 可通过试算确定，也可根据 $d/L_0$ 值查GB/T 51015—2014《海堤工程设计规范》附录D中 $L/L_0$ 之比值求得。

用于计算风浪的风速、风向、风区长度、风时以及水域水深等参数的确定，应符合下列规定：

1）风速应采用水面以上10m高度处的10min平均风速。

2）风向应采用设计主风向，并应验算设计主风向左右22.5°、45°方位角的风浪要素。

3）风区长度可采用由计算点逆风向到对岸的距离；当水域周界不规则、水域中有岛屿时，或在河道的转弯、汊道处，风区长度可采用等效风区长度 $F_e$，$F_e$ 可按下式计算：

$$F_e=\frac{\sum F_i\cos^2\alpha_i}{\sum\cos\alpha_i} \tag{2-3}$$

式中 $F_i$——在设计主风向两侧各45°范围内，每隔 $\Delta\alpha$ 角由计算点引到对岸的射线长度，m；

$\alpha_i$——射线 $F_0$ 与设计风向上射线 $F_i$ 之间的夹角，(°)，$\alpha_i=i\Delta\alpha_0$，计算时可取 $\alpha=7.5°$（$i=0$，±1，±2，…，±6），初步计算时也可取 $\Delta\alpha=15°$（$i=0$，±1，±2，±3），如图2-7所示。

4）从工程安全考虑，波浪要素计算中不考虑风时的影响，可按定常波计算。

5）风区水深 $d$ 可按风区内水域平均深度确定：在海图上，按指定风向在风区长度范围内，均匀读取 $n$ 点（$n=3\sim7$）处的水深，并计算每两点间的平均水深 $d_i$ 及间距 $\Delta X_i$，再加上设计潮位及海图深度基面与设计采用的基面之差值 $\Delta h_0$，即为风区平均水深，可按式（2-4）计算；当风区内水域的水深变化较小时，水域平均深度可按计算风向的水下地形剖面图确定。

$$d=\frac{\sum d_i\Delta X_i}{\sum\Delta X_i}+H_P+\Delta h_0 \tag{2-4}$$

式中 $d$——风区平均水深，m；

$d_i$、$\Delta X_i$——海图上每两点间平均深度及两点间相应的距离，m；

$H_P$——设计频率潮位，m；

$\Delta h_0$——海图深度基准面与设计采用的基面之差值，m。

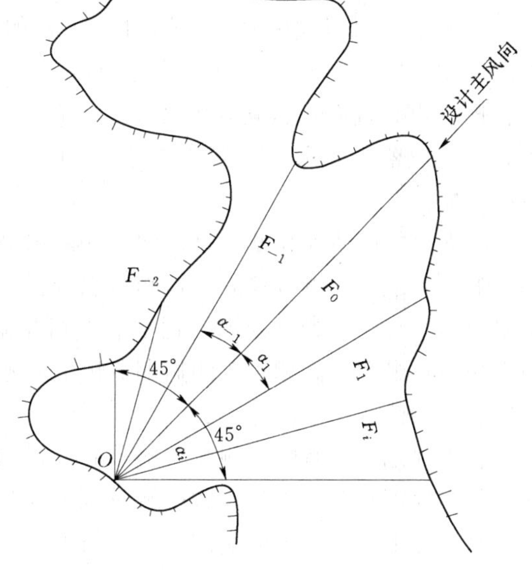


图2-7 等效风区长度计算

（2）风浪要素可按莆田海堤试验站公式计算确定，其计算应按式（2-5）和式（2-6）进行。

$$\frac{g\overline{H}}{v^2}=0.13\mathrm{th}\left[0.7\left(\frac{gd}{v^2}\right)^{0.7}\right]\mathrm{th}\left\{\frac{0.0018(gF/v^2)^{0.45}}{0.13\mathrm{th}[0.7(gd/v^2)^{0.7}]}\right\} \tag{2-5}$$

$$\frac{g\overline{T}}{v}=13.9\left(\frac{g\overline{H}}{v^2}\right)^{0.5} \tag{2-6}$$

式中 $g$——重力加速度，$g=9.81\mathrm{m/s^2}$；

$\overline{H}$——平均波高，m；

$\overline{T}$——平均波周期，s；

$F$——风区长度，m；

$v$——设计风速，m/s；

$d$——风区的平均水深，m。

3. 设计波浪确定

（1）设计波浪标准包括两方面内容：一是设计波浪的重现期，二是设计波浪的波列累积率。前者是指某种波况平均多少年遇到一次，它反映波浪的长期分布规律，一般以数十年或百年计；后者是在短时段中连续一列不规则波系的短期分布，一般以十几分钟至几十分钟计，也称波列分布。设计波浪重现期标准取决于海堤等建筑物的重要性，而波列累积率标准是根据建筑物的工作特性决定的。在海堤设计中，根据期重要性确定了重现期后，按波浪要素推算方法得到某种特征波高，它代表设计重现期波况的一个波列，需根据不同建筑物工作特性确定所需的累积率波高，例如，对斜式海堤护面稳定计算一般采用 $H_{13\%}$，对防浪墙稳定计算采用 $H_{1\%}$ 等。

（2）不同重现期波浪推算。当围海工程地点或附近有长期测波资料时，一般利用实测资料的某一累积频率波高（例如 $H_{4\%}$）的年最大值系列进行频率分析，确定设计重现期的波高。频率分析的线型目前国内大都采用皮尔逊Ⅲ型。近年来，中交第一航务工程勘察设计院有限公司对我国沿海 11 个台站测波资料进行分析，结果表明多数资料较好服从极值Ⅰ型和对数正态分布，因此，在有条件时，宜以与实测拟合最佳为原则，择优选配。

频率分析的系列长度，目前国内一般取 20 年以上。和设计重现期波高相对应的波周期，如果当地大浪以风浪为主，则可以利用风浪要素推算方法中波高-波周期关系式确定；如果当地大浪主要是混合浪与涌浪，则可根据实测资料进行波高-波周期相关分析确定，或者采用年最大波高相对应的周期所组成的系列进行频率分析，确定与设计波高同一重现期的波周期值。

若工程地点只有短期测波资料，有时采用月取样法或日取样法进行频率分析。这种方法的可靠程度较差，工程实践中有时根据计算结果再引入一定系数值。

对工程地点没有波浪实测资料的情况，大都采用风场资料推算波浪。对于有限风区水域，假定风速的重现期和波浪的重现期相同，对该地的风速资料进行频率分析，求出重现期风速后，按该风速推算设计重现期波浪。

（3）近岸波浪计算。无论是根据波浪实测资料推算的或是按风场确定的设计重现期波浪，都不一定就是设计建筑物所在位置的波浪要素，往往需要利用波浪浅水折射计算方法，确定建筑物所在位置处（如海堤堤前）的波要素。

波浪向岸传播过程中，因水深变浅并受底部摩阻的影响，波浪形态也发生变化，到达一定水深处，波浪发生破碎，此时的波高为破碎波高。破碎波高的确定对建筑物设计有重要意义，如果按折射变形计算得到的波高大于该处的破碎波高，则设计波高不能取大于破碎波高的值。近年来国内对不规则波破碎波高进行了试验研究，不规则波波列中大于或等于有效波的波浪，其破碎波高与破碎水深的比值可按图 2－8 所得的比值乘以 0.88 的系数求得。坡上破碎波高与破碎水深的最大比值见表 2－6。

深水波长 $L_0$ 应按式（2－7）计算：

$$L_0 = 1.17T^2 \tag{2-7}$$

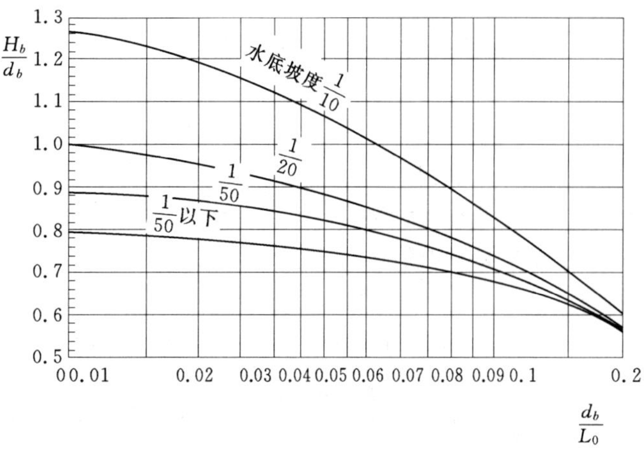


图 2-8 破碎波高与破碎水深比值

**表 2-6** **坡上破碎波高与破碎水深最大比值**

| 底坡 $i$ | ≤1/500 | 1/400 | 1/300 | 1/200 | 1/140 |
|---|---|---|---|---|---|
| $(H_b/d_b)_{max}$ | 0.60 | 0.61 | 0.63 | 0.69 | 0.78 |

4. 波浪爬高计算

过去波浪爬高计算都采用规则波方法。20 世纪 60 年代以后，国内外开始对不规则波的爬高进行研究，目前已逐渐取代规则波方法。60 年代莆田海堤试验站在进行波浪观测的同时，也对风当爬高进行了现场观测，并根据实测资料分析，得出不规则波爬高的经验计算方法。

20 世纪 90 年代以来，浙江省水利厅围垦局在浙东海塘进行了一系列现场波浪爬高观测研究工作。对不规则波爬高的描述，与不规则波波高相似，也采用一些统计特征值来表示，如累积频率爬高 $R_F$、部分均值 $R_{1/n}$、平均爬高 $\overline{R}$ 等。根据莆田站的实测资料分析，不规则波爬高服从威布尔分布，其统计参数与堤前水深、堤坡坡度有一定关系。南京水利科学研究院在室内不规则波试验中也得出不规则波爬高可采用威布尔分布的结论。

(1) 单一坡度的斜坡式海堤在正向规则波作用下的爬高适用于下列条件：①波浪正向作用；②斜坡坡度 1∶$m$，$m$ 为 1～5；③堤脚前水深 $d=(1.5\sim5.0)H$；④堤前底坡 $i\leqslant 1/50$。

正向规则波在斜坡式海堤上的波浪爬高，可按式 (2-8) ～式 (2-12) 计算。

$$R=K_{\Delta}R_1H \tag{2-8}$$

$$R_1=1.24\text{th}(0.432M)+(R_1-1.029)R(M) \tag{2-9}$$

$$M=\frac{1}{m}\left(\frac{L}{H}\right)^{1/2}\left(\text{th}\,\frac{2\pi d}{L}\right)^{-1/2} \tag{2-10}$$

$$(R_1)_{max}=2.49\text{th}\,\frac{2\pi d}{L}\left(1+\frac{\frac{4\pi d}{L}}{\text{sh}\,\frac{4\pi d}{L}}\right) \tag{2-11}$$

$$R(M)=1.09M^{3.32}\exp(-1.25M) \tag{2-12}$$

式中 $R$——波浪爬高，m，从静水位算起，向上为正；

$H$——波高，m；

$L$——波长，m；

$R_1$——$K_\Delta=1$、$H=1$ 时的波浪爬高，m；

$(R_1)_{max}$——相应于某一 $d/L$ 时的波浪爬高最大值，m；

$M$——与斜坡的 $m$ 值有关的函数；

$R(M)$——爬高函数；

$K_\Delta$——与斜坡护面结构型式有关的糙渗系数，按表 2－7 确定。

**表 2－7　　糙渗系数 $K_\Delta$**

| 护面类型 | $K_\Delta$ |
|---|---|
| 光滑不透水护面（沥青混凝土） | 1.00 |
| 混凝土及混凝土板护面 | 0.90 |
| 草皮护面 | 0.85～0.90 |
| 砌石护面 | 0.75～0.80 |
| 抛填两层块石（不透水堤身） | 0.60～0.65 |
| 抛填两层块石（透水堤身） | 0.50～0.55 |
| 四脚空心块（安放一层） | 0.55 |
| 四脚锥体（安放两层） | 0.40 |
| 扭工字块体（安放两层） | 0.38 |
| 扭王字块体 | 0.47 |
| 栅栏板 | 0.49 |

（2）在风的直接作用下，单一坡度的斜坡式海堤正向不规则波的爬高适用条件与（1）中相同。

正向不规则波的爬高可按式（2－13）计算。

$$R_{1\%}=K_\Delta K_v R_1 H_{1\%} \tag{2-13}$$

式中 $R_{1\%}$——累积频率为 1%的爬高，m；

$K_\Delta$——糙渗系数，可按表 2－7 确定；

$K_v$——与风速 $v/c$ 有关的系数，可按表 2－8 确定；

$R_1$——$K_\Delta=1$、$H=1$ 时的波浪爬高，m；由式（2－9）确定，计算时波坦取为 $L/H_{1\%}$，$L$ 为平均波周期对应的波长。

**表 2－8　　系　数　$K_v$**

| $v/C$ | ≤1 | 2 | 3 | 4 | ≥5 |
|---|---|---|---|---|---|
| $K_v$ | 1.00 | 1.10 | 1.18 | 1.24 | 1.28 |

注　波速 $C=L/T$(m/s)。

对于其他累积频率的爬高 $R$，可用累积频率为 1%的爬高 $R_{1\%}$ 乘以表 2－9 中的换算系

数 $K_F$ 确定。

表 2-9　　系　数　$K_F$

| $F$/% | 0.1 | 1 | 2 | 4 | 5 | 10 | 13.7 | 20 | 30 | 50 |
|---|---|---|---|---|---|---|---|---|---|---|
| $K_F$ | 1.17 | 1 | 0.93 | 0.87 | 0.84 | 0.75 | 0.71 | 0.65 | 0.58 | 0.47 |

注　$F$=4%和 $F$=13.7%的爬高分别相当于将不规则的爬高值按大小排列时，其中最大 1/10 和 1/3 部分的平均值。

（3）海堤为单坡结构型式且 $0<m<1$ 时，波浪的爬高计算可按式（2-14）估算。

$$R_F=K_\Delta K_v R_0 H_{1\%} K_F \tag{2-14}$$

式中　$F$——波浪爬高累积频率，%；

$R_F$——波浪爬高累积率为 $F$ 的波浪爬高值，m；

$K_\Delta$——与斜坡护面结构型式有关的糙渗系数，可按表 2-7 确定；

$K_v$——与风速 $v$ 及堤前水深 $d$ 有关的经验系数，可按表 2-10 确定；

$R_0$——不透水光滑墙上相对爬高，即当 $K_\Delta=1$、$H=1$ 时的爬高值，可由斜坡 $m$ 及深水波坦 $L_0/H_{0(1\%)}$ 查表 2-11 确定；

$H_{1\%}$——波高累积率为 $F=1\%$的波高值，当 $H_{1\%}\geqslant H_b$ 时，$H_{1\%}$ 取用 $H_b$ 值；

$K_F$——爬高累积频率换算系数，可按表 2-12 确定，若所求 $R_F$ 相应累积率的堤前波高 $H$ 已经破碎，则 $K_F=1$。

表 2-10　　经验系数 $K_v$

| $v/\sqrt{gd_{前}}$ | ≤1 | 1.5 | 2.0 | 2.5 | 3.0 | 3.5 | 4.0 | ≥5 |
|---|---|---|---|---|---|---|---|---|
| $K_v$ | 1.0 | 1.02 | 1.08 | 1.16 | 1.22 | 1.25 | 1.28 | 1.30 |

表 2-11　　不透水光滑墙上相对爬高 $R_0$

| $L_0/H_{0(1\%)}$ \ $R_0$ \ $m$ | 0.1 | 0.2 | 0.3 | 0.4 | 0.5 | 0.6 | 0.7 | 0.8 | 0.9 | 1.0 |
|---|---|---|---|---|---|---|---|---|---|---|
| 7 | 1.24 | 1.27 | 1.28 | 1.32 | 1.42 | 1.55 | 1.68 | 1.87 | 2.05 | 2.25 |
| 20 | | | | | — | — | — | — | — | 2.03 |
| 50 | | | | | 1.35 | 1.47 | 1.57 | 1.70 | 1.85 | 1.97 |

表 2-12　　爬高累积频率换算系数 $K_F$

| $F$/% | 0.1 | 1 | 2 | 5 | 10 | 13 | 30 | 50 |
|---|---|---|---|---|---|---|---|---|
| $K_F$ | 1.14 | 1.00 | 0.94 | 0.87 | 0.80 | 0.77 | 0.66 | 0.55 |

对带有平台的复合式斜坡堤的波浪爬高计算（图 2-9），可先确定该断面的折算坡度系数，再按坡度系数为 $m_e$ 的单坡断面确定其爬高值。折算坡度系数 $m_e$ 可按式（2-15）～式（2-17）计算。

1）当 $\Delta m=m_{下}-m_{上}=0$，即上、下坡度一致时

$$m_e=m_{上}\left(1-4.0\frac{|d_W|}{L}\right)K_b \tag{2-15}$$

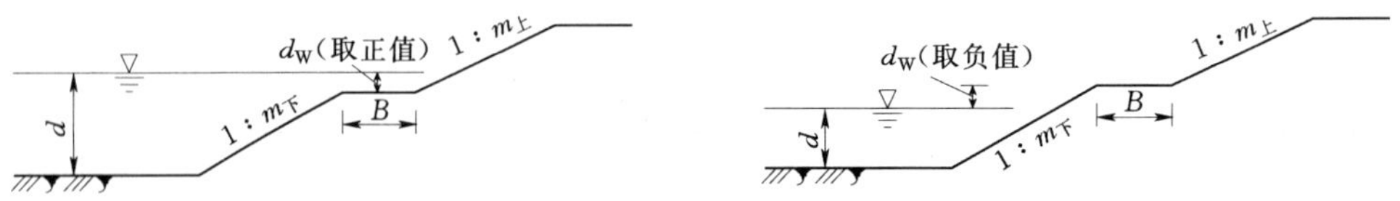


图 2-9　带平台的复式斜坡堤段面

2）当 $\Delta m>0$，即下坡缓于上坡时

$$m_e=(m_上+0.3\Delta m-0.1\Delta m^2)\left(1-4.5\frac{d_W}{L}\right)K_b \tag{2-16}$$

3）当 $\Delta m<0$，即下坡陡与上坡时

$$m_e=(m_上+0.5\Delta m+0.08\Delta m^2)\left(1+3.0\frac{d_W}{L}\right)K_b \tag{2-17}$$

4）$K_b$ 系数可按式（2-18）计算。

$$K_b=1+3\frac{B}{L} \tag{2-18}$$

式中　$m_上$——平台以上的斜坡坡率；

$d_W$——平台上的水深（如图 2-9 所示，当平台在静水位以下时取正值；平台在静水位以上时取负值；$|d_W|$ 表示取绝对值），m；

$B$——平台宽度，m；

$L$——波长，m。

5）折算坡度法适用于 $m_上=1.0\sim4.0$，$m_下=1.5\sim3.0$，$d_W/L=-0.025\sim+0.025$，$0.05<B/L\leqslant0.25$ 的条件。

（4）对于下部为斜坡，上部为陡墙，无平台的折坡式断面的爬高值，可用本条的假想坡度法进行近似计算，计算时应按以下步骤进行：

1）确定波浪破碎水深 $d_h$ 处 $B$ 点的位置（图 2-10），$B$ 点的位置在海涂或堤脚处，或在坡面上，详见本条第 2）款和第 3）款。

2）假定一爬高值 $R_0$，爬高终点为 $A_0$，连接 $A_0B$ 得假想外坡 $A_0B$ 及其相应的假想坡度 $m$，按（1）条、（2）条或（3）条计算单坡上的爬高值 $R_计$，若 $R_计\neq R_0$，则假设另一爬高值 $R_计$，得终点 $A_1$，连接 $A_1B$ 得假想外坡 $A_1B$ 及其相应的坡度 $m$，再按单坡计算波浪爬高值 $R_计$，直至假定爬高与计算爬高值相等。

3）破碎水深 $d_b$ 位置的确定可按以下办法确定：

当波浪在堤前已破碎，且堤前滩涂比较平坦，$d_b$ 位置取在堤脚处，[图 2-10（a)]。

当堤前水深较大，波浪在斜坡上破碎［图 2-10（b)]，其破碎水深 $d_b$ 可按下式计算：

$$d_b=H\left(0.47+0.023\frac{L}{H}\right)\frac{1+m^2}{m^2} \tag{2-19}$$

式中　$H$、$L$——堤前的波高及波长（计算 $R_{1\%}$ 时，$H$ 取 $H_{1\%}$），m；

$m$——计算破碎水深中所用坡度系数，一般取用 $m_下$。

（5）堤前有压载（镇压层）的爬高计算。建于软基上的海堤，常采用压载的方法来增加海堤的整体稳定性。压载对堤前的波浪变形有很大影响，一方面波浪通过压载时，压载

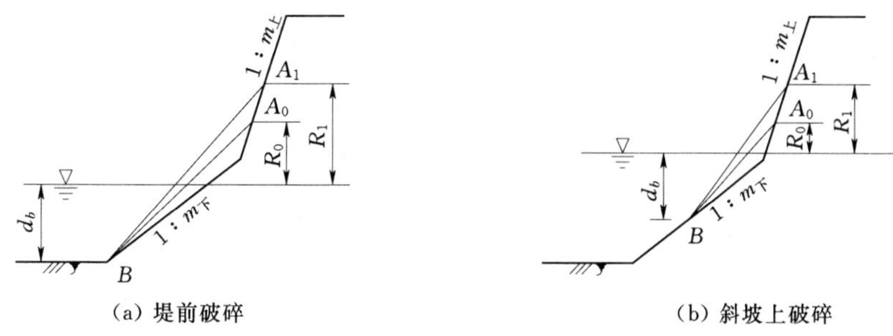

(a) 堤前破碎

(b) 斜坡上破碎

图 2-10 假想坡度法求爬高值示意图

有消能作用；另一方面由于波浪进入压载时水深骤减，也产生局部能量集中的现象。

南京水利科学研究院对压载尺度等有关参数对波浪爬高的影响进行了专门试验研究，结果表明，压载的宽度 $B_1$（图 2-11）、压载上水深 $d_1$，对波浪爬高有明显影响。一般而言，当压载相对水深 $d_1/H \geqslant 2$，或压载前水深 $d$ 较小，波浪在压载前已发生破碎，则压载总是起着减小波浪爬高的作用；但当压载上相对水深 $d_1/H=1.0 \sim 1.5$，且压载宽度不大，则由于波浪传至压载上的突然能量集中使波浪爬高增大，此时还可观测到接近堤脚处压载块石发生滚动、形成冲刷的现象。

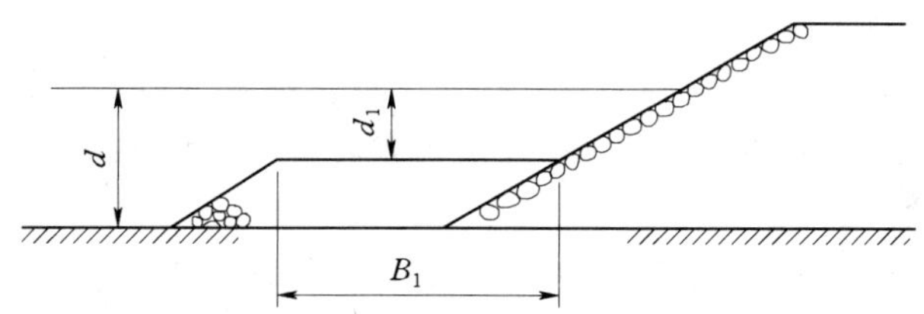

图 2-11 堤前有压载爬高计算

试验中还就压载顶面做成 1：10 和 1：20 的缓坡面与做成水平的进行比较（$B_1/L=0.4 \sim 0.6$ 条件下），结果表明，在相同宽度下，顶面做成向外倾斜坡的压载的爬高比水平压载大，平均可增大 20%（对 1：10 缓坡）和 4%（对 1：20 缓坡）。因此，就减小波浪爬高而言，压载顶面做成向外侧倾斜形式是不可取的。

有压载时的爬高计算，可以先按无压载情况计算爬高，然后乘以压载系数 $K_y$，当 $d_1/H=1.0 \sim 1.5$，$m \leqslant 1.5$ 时，还需乘以系数 $K_m$。$K_y$、$K_m$ 分别列于表 2-13 和表 2-14。

**表 2-13　　系数 $K_y$ 值**

| $B_1/L$ | | 0.2 | | | 0.4 | | | 0.6 | | | 0.8 | | |
|---|---|---|---|---|---|---|---|---|---|---|---|---|---|
| $L/H$ | | ≤15 | 20 | 25 | ≤15 | 20 | 25 | ≤15 | 20 | 25 | ≤15 | 20 | 25 |
| $\frac{d_1}{H}$ | 1 | 0.85 | 0.94 | 0.99 | 0.75 | 0.83 | 0.87 | 0.70 | 0.78 | 0.81 | 0.68 | 0.75 | 0.79 |
| | 1.5 | 0.92 | 1.03 | 1.13 | 0.86 | 0.96 | 1.06 | 0.81 | 0.91 | 1.00 | 0.79 | 0.88 | 0.97 |
| | 2.0 | 0.95 | 1.10 | 1.18 | 0.91 | 1.06 | 1.14 | 0.89 | 1.01 | 1.11 | 0.87 | 1.01 | 1.09 |
| | 2.5 | 0.98 | 1.04 | 1.10 | 0.96 | 1.02 | 1.08 | 0.93 | 0.99 | 1.04 | 0.92 | 0.98 | 1.03 |

表 2-14　　系　数　$K_m$　值

| $d_1/H$ | $m$ | $B_1/L$ | | | |
|---|---|---|---|---|---|
| | | 0.2 | 0.4 | 0.6 | 0.8～1.0 |
| 1.0 | 1 | 1.35 | 1.26 | 1.25 | 1.14 |
| | 1.5 | 1.16 | 1.10 | 1.10 | 1.03 |
| 1.5 | 1 | 1.50 | 1.60 | 1.50 | 1.40 |
| | 1.5 | 1.36 | 1.46 | 1.30 | 1.24 |

（6）对于海堤断面形状复杂的情况，较可靠的办法还是通过模型试验确定爬高。

5. 海堤的越浪量计算

（1）无风条件下，斜坡式海堤 1：2 坡度上（带防浪墙）的越浪量可按式（2-20）计算：

$$\frac{q}{T\overline{H}g}=A\exp\left(-\frac{B}{K_{\Delta}}\frac{H_c}{T\sqrt{\overline{H}g}}\right)\tag{2-20}$$

式中　$q$——单位时间单宽度海堤上的越浪水量，$m^3/(s\cdot m)$；

$H_c$——挡浪墙顶至设计高潮位的高度，m；

$\overline{H}$——堤前平均波高，m；

$T$——波周期，s；对开敞式海岸区，用实测波资料确定的波要素，采用平均波周期；河口港湾区，以风推浪方法确定波要素时，采用有效波周期，$T=1.15\overline{T}$，s；

$K_{\Delta}$——糙渗系数；

$A$、$B$——系数，查表 2-15 可得。表 2-15 中 $d_s$ 为堤前水深。

表 2-15　　斜坡式海堤 A、B 系数数值

| $\overline{H}/d_s$ | | ≤0.4 | | | | >0.5 | | |
|---|---|---|---|---|---|---|---|---|
| $\overline{H}/L$ | | 0.02～0.03 | 0.035 | 0.045 | 0.065～0.08 | 0.02～0.025 | 0.033～0.04 | 0.05～0.1 |
| 系数 | $A$ | 0.0079 | 0.0111 | 0.0121 | 0.0126 | 0.0081 | 0.0127 | 0.014 |
| | $B$ | 23.12 | 22.63 | 21.25 | 20.91 | 42.53 | 26.97 | 22.96 |

（2）无风条件下，直立式海堤 1：0.4 陡坡上（带防浪墙）的越浪量计算公式如下：

$$\frac{q}{T\overline{H}g}=A\exp\left(-\frac{B}{K_{\Delta}}\frac{H_c}{T\sqrt{\overline{H}g}}\right)\tag{2-21}$$

式中　$q$——单位时间宽海堤上的越浪水量，$m^3/(s\cdot m)$；

$H_c$——挡浪墙顶至设计高潮位的高度，m；

$\overline{H}$——堤前平均波高，m；

$T$——波周期，s；对开敞式海岸区，用实测波资料确定的波要素，采用平均波周期；河口港湾区，以风推浪方法确定波要素时，采用有效波周期，$T=1.15\overline{T}$，$s$；

$K_{\Delta}$——糙渗系数；

$A$、$B$——系数，查表 2-16 可得。

表 2-16 **直立式海堤 *A*、*B* 系数数值**

| $\overline{H}/d_s$ | | ≤0.4 | | | | | | >0.5 | | | |
|---|---|---|---|---|---|---|---|---|---|---|---|
| $\overline{H}/L$ | | 0.02～0.025 | 0.0275 | 0.0325 | 0.0375 | 0.045 | 0.05～0.1 | 0.02～0.025 | 0.03～0.034 | 0.05 | 0.06～0.1 |
| 系数 | *A* | 0.0098 | 0.0089 | 0.0099 | 0.0156 | 0.0126 | 0.0203 | 0.0238 | 0.0251 | 0.0167 | 0.0176 |
| | *B* | 41.22 | 31.2 | 27.76 | 27.19 | 24.80 | 24.20 | 85.64 | 59.11 | 33.26 | 20.96 |

（3）有风条件下的越浪量。有风条件下的越浪量为无风条件下的越浪量乘风校正因子 $K'$。

风校正因子 K′按式（2-22）计算：

$$K' = 1.0 + W_f\left(\frac{H_c}{R} + 0.1\right)\sin\theta \tag{2-22}$$

其中

$$W_f = \begin{cases} 0, v=0 \\ 0.5, v=13.4\text{m/s} \\ 2.0, v\geqslant 26.8\text{m/s} \end{cases}$$

式中 $W_f$——风速系数，根据风速 $v$ 进行线性内插；

$\theta$——海堤临潮边坡坡脚；

$R$——不允许越浪条件下波浪在海堤上的爬高值，m，当 $H_c \geqslant R$，则越浪量为零。

## 三、堤身断面

堤身断面应根据堤基地质、筑堤材料、结构型式、波浪、施工、生态、景观、现有堤身结构等条件，经稳定计算和技术经济比较后确定。

### （一）基本原则

（1）斜坡式断面堤身高度大于 6m 时，背海侧坡面宜设置马道，宽度宜大于 1.5m。对波浪作用强烈的堤段，宜采用复合斜坡式断面，在临海侧设置消浪平台，高程宜位于设计高潮（水）位附近或略低于设计高潮（水）位。平台宽度可为设计波高的 1～2 倍，且不宜小于 3m。

（2）陡墙式断面临海侧宜采用重力式或箱式挡墙，背海侧回填土料，底部临海侧基础应采用抛石等防护措施。

（3）混合式断面堤身高度大于 5m 时，临海侧平台可按原则（1）规定的消浪平台宽度要求确定。

### （二）堤顶宽度

堤顶度宽与海堤稳定、防汛、管理、施工、工程规模及交通要求等因素有关。不包括防浪墙的堤顶宽度应按表 2-17 确定。

表 2-17 **堤 顶 宽 度**

| 海堤级别 | 1 | 2 | 3～5 |
|---|---|---|---|
| 堤顶宽度/m | ≥5 | ≥4 | ≥3 |

以往我国浙江、福建、广西等省（自治区）的海堤，其堤顶宽度对万亩以上的围垦工

程一般为4～6m；万亩以下的围垦工程一般为3～4m，有的地区在软基上建堤，顶宽仅2.0m。对有坍岸可能的堤段，堤顶需要宽一些，以便修复，如镇江河口的粉砂土堤，其堤顶宽度一般为6～8m。上海市海堤的堤顶宽度对重要堤段，有交通要求的为6～8m，一般堤段无交通要求的为4～5m。江苏、山东、河北等省的海堤，顶宽一般为5～10m。重要工矿企业的海堤，如上海石油化工总厂海堤，堤顶宽度达10m左右。由以上情况可见，由于我国沿海地区的条件不同，情况各异，海堤堤顶宽度差别很大，但因沿海经济发展和防汛的需要，堤顶宽度有加宽的趋势。《围海工程技术（报批稿）》中提出："3级以上（含3级）海堤堤顶净宽不宜小于5.0m，4、5级不宜小于4.0m，3级及以下海堤如受条件限制，经过论证净宽可适当减小。但堤身材料易受风浪水流冲蚀（如粉砂土堤），堤顶净宽不宜小于6.0m。"当堤顶与公路结合时，其宽度按交通部门的有关规定拟定。

**（三）海堤边坡**

影响海堤边坡的因素，主要是海堤断面结构形式、护坡种类、堤身材料与地基土质，同时还需考虑波浪作用情况，堤高、工程量、施工方法和运用要求等因素。各地一般都先参照已建类似工程的经验（表2－18）初步拟定边坡，再通过稳定计算和风浪爬高计算，经方案比较后确定合理的海堤边坡和海堤断面。

**表2－18　　海堤内外坡度经验值**

| 护坡类型 | 外坡坡度 | 内坡坡度 |
|---|---|---|
| 干砌块石护坡 | 1∶2.0～1∶3.0 | 水上：黏性土1∶1.5～1∶3.0；<br>砂性土1∶3.0～1∶5.0；<br>水下：海泥掺砂1∶5.0～1∶10.0；<br>砂壤土1∶5.0～1∶7.0 |
| 浆砌块石、混凝土护坡 | 1∶2.0～1∶2.5 | |
| 抛石护坡 | 缓于1∶1.5 | |
| 人工块体护坡 | 1∶1.25～1∶2.0 | |
| 陡墙（防护墙） | 1∶0.2～1∶0.7 | |

值得注意的是外坡坡度为1∶1.5～1∶2.0时，在一般风浪波陡范围内，波浪在堤坡上爬高较大。因此为了降低堤顶高程，砌石护坡不宜采用此范围的坡度。内坡护坡采用干砌块石、浆砌块石、混凝土等圬工结构时，其坡度可参照外坡坡度，适当陡一些。

## 四、护面结构

海堤护坡是对海堤堤身土体的内外坡、堤顶采用防护措施，以防止土体在波浪、水流作用下冲刷淘蚀破坏。

**（一）外坡护面**

斜坡式海堤临海侧护面可采用现浇混凝土、浆砌块石、混凝土灌砌石、干砌块石、预制混凝土异型块体、混凝土砌块和混凝土栅栏板等结构型式。对于受海流、波浪影响较大的凸、凹岸堤段，应加强护面结构强度。并应符合下列要求：

（1）波浪小的堤段可采用干砌块石或条石护面。干砌块石、条石厚度应按SL 435—2008《海堤工程设计规范》附录J计算，其最小厚度不应小于30cm。护坡砌石的始末处及建筑物的交接处应采取封边措施。

1）在波浪作用下，斜坡堤干砌块石护坡的护面厚度$t$（m），当斜坡坡率$m=1.5$～

5.0 时，可按式（2-23）计算：

$$t=K_1\frac{\gamma}{\gamma_b-\gamma}\frac{H}{\sqrt{m}}\sqrt[3]{\frac{L}{H}} \tag{2-23}$$

$$m=\cot\alpha$$

式中　$K_1$——对一般干砌石可取 0.266，对砌方石、条石取 0.225；

$\gamma_b$——块石的重度，$kN/m^3$；

$\gamma$——水的容重，$kN/m^3$；

$H$——计算波高，m，当 $d/L\geqslant 0.125$ 时取 $H_{4\%}$，当 $d/L<0.125$ 时取 $H_{13\%}$；

$d$——堤前水深，m；

$L$——波长，m；

$m$——斜坡坡率；

$\alpha$——斜坡坡角，(°)。

2）设置排水孔的浆砌石的护面层厚度可按式（2-23）计算。

3）当 $D/H=1.7\sim3.3$ 和 $L/H=12\sim25$ 时，干砌条石护面层厚度可按式（2-24）计算：

$$t=0.744\frac{\gamma}{\gamma_b-\gamma}\frac{\sqrt{m^2+1}}{m+A}\left(0.476+0.157\frac{d}{H}\right)H \tag{2-24}$$

式中　$t$——干砌条石护面层厚度，即条石长度，m；

$\gamma_b$——块石的重度，$kN/m^3$；

$A$——系数，斜缝干砌可取 1.2，平缝干砌可取 0.85；

$m$——坡度系数，取 0.8～1.5。

注：当 $m=2\sim3$ 时的加糙干砌条石护面的厚度也可按式（2-23）计算，但应乘以折减系数 $\alpha$。当平面加糙度为 25%时，即沿海堤轴线方向每隔 3 行凸起 1 行，条石凸起高度等于截面宽度尺寸 $a$ 时，即凸起条石护面厚度为 $h+a$，$a$ 通常为 $h/3$ 左右，$\alpha$ 可取为 0.85，此时加糙干砌条石护面的波浪爬高值也应乘以 0.7 的折减系数。

（2）可采用混凝土或浆砌石框格固定干砌石来加强干砌石护坡的整体性，并应设置沉降缝。

（3）对具有明缝的混凝土或钢筋混凝土护坡，当斜率 $m=2\sim5$ 时，满足稳定所需厚度的面板可按式（2-25）计算：

$$t=0.07\eta H\sqrt[3]{\frac{L}{B}}\frac{\gamma}{\gamma_s-\gamma}\frac{\sqrt{1+m^2}}{m} \tag{2-25}$$

式中　$\eta$——系数，对整体式的现浇护面板，$\eta=1.0$；对装配式的护面板，$\eta=1.1$；

$H$——计算波高，m，取 $H_{1\%}$；

$L$——波长，m；

$B$——沿斜坡面垂直于水边线的护面板边长，m；

$\gamma$——水的容重，$kN/m^3$；

$\gamma_s$——面板的容重，$kN/m^3$；

$m$——斜坡坡比。

(4) 混凝土栅栏板计算。采用栅栏板作为斜坡堤护坡面层时，栅栏板厚度计算公式如下：

$$h=0.235\frac{\gamma}{\gamma_b-\gamma}\frac{0.61+0.13d/H}{m^{0.27}}H \tag{2-26}$$

式中 $h$——护面厚度，m；

$d$——塘前水深，m；

$\gamma$——水的重度，kN/m³；

$\gamma_b$——栅栏板重度，kN/m³；

$H$——计算波高，$d/L<0.125$，取 $H_{13\%}$；

$m$——坡度系数。

(5) 对不直接临海堤段，护坡设计应沿堤线采取生态恢复措施。

(6) 护面采用预制混凝土异型块体时，其重量、结构和布置可按 GB/T 51015—2014《海堤工程设计规范》附录J设计。

采用预制混凝土异型块体或经过分选的块石作为斜坡堤护坡面层的计算应按下列规定进行。

1) 波浪作用下单个预制混凝土异型块体、块石的稳定质量可按式 (2-27) 计算：

$$Q=0.1\frac{\gamma_b H^3}{K_D(\gamma_b/\gamma-1)^3 m} \tag{2-27}$$

式中 $Q$——主要护面层的护面块体、块石个体质量，当护面由两层块石组成，则块石质量可在 (0.75～1.25) $Q$ 范围内，但应有 50%以上的块石质量大于 $Q$；

$\gamma_b$——预制混凝土异型块体或块石的重度，kN/m³；

$\gamma$——水的重度，kN/m³；

$H$——设计波高，m，当平均波高与水深的比值 $\overline{H}/d<0.3$ 时宜采用 $H_{5\%}$，当 $\overline{H}/d\geqslant0.3$ 时宜采用 $H_{13\%}$；

$K_D$——稳定系数，可按表 2-19 确定。

**表 2-19　　稳定系数 $K_D$**

| 护面类型 | 构造型式 | $K_D$ | 备注 |
|---|---|---|---|
| 块石 | 抛填两层 | 4.0 | |
| 块石 | 安放（立放）一层 | 5.5 | |
| 方块 | 抛填两层 | 5.0 | |
| 四脚锥体 | 安放两层 | 8.5 | |
| 四脚空心块 | 安放一层 | 14 | |
| 扭工字块体 | 安放两层 | 18 | $H\geqslant7.5$m |
| | | 24 | $H<7.5$m |
| 扭王字块体 | 安放一层 | 18～24 | |

2) 预制混凝土异型块体、块石护面层厚度可按式 (2-28) 计算：

$$t=nC\left(\frac{Q}{0.1\gamma_b}\right)^{1/3} \tag{2-28}$$

式中 $t$——块体或块石护面层厚度，m；

$n$——护面块体或块石的层数；

$C$——形状系数，可按表 2-20 确定。

**表 2-20　形状系数 $C$**

| 护面类型 | 构造型式 | $C$ | $P'$/% | 备注 |
|---|---|---|---|---|
| 块石 | 抛填两层 | 1.0 | 40 | |
| | 安放（立放）一层 | 1.3～1.4 | — | |
| 四脚锥体 | 安放两层 | 1.2 | 60 | |
| 扭工字块体 | 安放两层 | 1.2 | 60 | 随机安放 |
| | | 1.1 | 60 | 规则安放 |
| 扭王字块体 | 安放一层 | 1.36 | 50 | 随机安放 |

3）预制混凝土异型块体个数可按式（2-29）计算：

$$N=AnC(1-P')\left(\frac{0.1\gamma_b}{Q}\right)^{2/3} \tag{2-29}$$

式中 $N$——预制混凝土异型混凝土块体个数；

$A$——垂直于厚度的护面层平均面积，$m^2$；

$P'$——护面层的空隙率，%，可按表 2-22 确定。

d. 预制混凝土异型块体混凝土量可按式（2-30）计算：

$$V=N\frac{Q}{0.1\gamma_b} \tag{2-30}$$

式中 $V$——预制混凝土异型块体混凝土量，$m^3$。

（7）护底块石的稳定重量，可根据堤前最大波浪底流速按表 2-21 确定。

斜坡堤前最大波浪底流速可按式（2-31）计算：

$$v_{max}=\frac{\pi H}{\sqrt{\frac{\pi L}{g}\text{sh}\frac{4\pi d}{L}}} \tag{2-31}$$

**表 2-21　堤前护面底块石的稳定重量**

| 底流速 $v_{max}$/(m/s) | 块石重量/kg | 底流速 $v_{max}$/(m/s) | 块石重量/kg |
|---|---|---|---|
| 2.0 | 60 | 4.0 | 400 |
| 3.0 | 150 | 5.0 | 800 |

（8）反滤层可采用自然级配石渣铺垫，其厚度为 20～40cm，底部可铺土工织物。

（9）陡墙式海堤临海侧挡墙应符合下列要求：

1）挡墙基底宜设置垫层。

2）挡墙宜设置沉降缝、伸缩缝，并根据需要设置排水孔。

3）箱式挡墙内宜采用砂或块石作为填料。

4）对原有干砌块石、浆砌块石陡墙式挡墙采用混凝土加固护面时，护面厚度应根据作用的波浪大小分析确定，且不宜小于 20cm。

5）挡墙应进行抗滑、抗倾覆稳定计算，土基挡墙基底的最大压应力应不大于地基允许承载力，且压应力最大值与最小值的比值，应小于GB/T 51015—2014《海堤工程设计规范》附录M.0.5第3款要求的值。即压应力最大值与最小值之比的允许值，黏土宜取1.2～2.5，砂土宜取2.0～3.0。基底压力的不均匀系数不应过大，其压应力应按式（2－32）计算。

$$\sigma_{\min}^{\max}=\frac{\sum G}{A}+\frac{\sum M}{\sum W} \tag{2-32}$$

式中 $\sigma_{\min}^{\max}$——基底的最大和最小压应力，kPa；

$\sum G$——竖向荷载，kN；

$A$——挡墙底面面积，$m^2$；

$\sum M$——荷载对防洪墙底面垂直于横剖面方向的形心轴的力矩，kN·m；

$\sum W$——挡墙底面对垂直于横剖面方向形心轴的截面系数，$m^3$。

**（二）堤顶及内坡护面**

1. 堤顶护面要求

（1）不适应沉降变形的堤顶护面，宜在堤身沉降基本稳定后实施，期间采用过渡性工程措施保护。

（2）不允许越浪的海堤，堤顶可采用混凝土、沥青混凝土气碎石、泥结石等作为护面材料。

（3）允许部分越浪的海堤，堤顶应采用抗冲护面结构，不应采用碎石、泥结石作为护面材料，不宜采用沥青混凝土作为护面材料。

（4）路堤结合并有通车要求堤顶，应满足公路路面、路基设计要求。

2. 背海侧护面要求

（1）不允许越浪设计的海堤，背海侧坡应具备一定的抗冲能力，可采用植物措施、工程措施或两者相结合的措施。

（2）按允许部分越浪设计的海堤，根据越浪量的大小，应按表2－5选择合适的护面型式。

（3）海堤背海侧直接临水时，堤脚应设置护脚措施。

## 五、堤顶结构

堤顶结构包括防浪墙、堤顶路面、错车道、上堤路、行道口等，应符合以下规定：

（1）防浪墙宜设置在临海侧，堤顶以上净高不宜超过1.2m，埋置深度应大于0.5m。风浪大的防浪墙临海侧，可做成反弧面。宜每隔8～12m设置一条沉降缝。

（2）堤顶路面结构应根据用途和管理的要求，结合堤身土质条件进行选择。堤顶与交通道路相结合时，其路面结构应符合交通部门的有关规定。各种不同类型路面的单坡路拱平均横坡度按表2－22采用。

（3）错车道应根据防汛和管理需要设置。堤顶宽度不大于4.5m时，宜在堤背海侧选择有利位置设置错车道。错车道处的路基宽度应不小于6.5m，有效长度应不小于20m。

表 2-22 各种类型路面的单坡路拱平均横坡度

| 路面类型 | 单坡路拱平均横坡度/% | 路面类型 | 单坡路拱平均横坡度/% |
|---|---|---|---|
| 沥青混凝土、水泥混凝土 | 1～2 | 碎石、砾石等粒料 | 2.5～3.5 |
| 整齐石块 | 1.5～2.5 | 炉渣土、砾石土、砂砾土等 | 3～4 |
| 半整齐石块、不整齐石块 | 2～3 | | |

(4) 生产、生活有需要时，在保证工程安全的前提下，可在堤顶防浪墙上开口，但应采取相应的防浪措施。

海堤的防浪墙常采用干砌石（或预制混凝土块）勾缝、浆砌块（条）石、混凝土或钢筋混凝土等结构。砌石结构一般采用细骨料混凝土封顶。

对风浪大的堤段，或按允许越浪设计的海堤，需采用结构坚固的防浪墙。根据我国海堤建设经验，按不允许越浪设计的海堤防浪墙净高不宜超过 1.2m；按允许越浪设计时，越浪水流对堤顶有较大冲刷，防浪墙净高以较低为好，不宜高于 0.8m。

## 六、护坡基脚和护脚

为防止堤前底流冲刷堤脚，临海侧坡脚应设置护脚。护脚块石和预制混凝土异形块体的稳定重量按 GB/T 51015—2014《海堤工程设计规范》附录 J 计算。

对于滩涂冲刷严重的堤段，可增设护坦保护措施。为保证护坡稳定，护坡下端应设置基脚，如图 2-12 所示。基脚起到支撑护坡的作用，以防止护坡发生沿坡面向下滑动，同时也保护坡脚免受冲刷。基脚有人工挖槽的埋入式，用于滩地较高情况，还有抛石棱体、桩石工等形式。

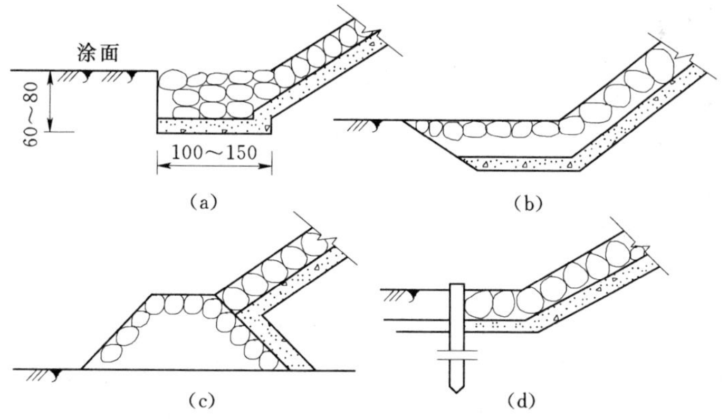


图 2-12 基脚结构示意图（单位：cm）

护脚紧靠在护坡基脚前面，具有消浪和防止堤前波浪、潮流冲刷堤脚的作用，又称坡脚加固。海堤护脚的材料、结构型式主要有块石、混凝土块体、石笼、模袋混凝土、板桩墙、桩石护坦及小沉井等，根据堤前自然条件、堤型、施工条件等选用。

目前一般采用块石护脚较多，块石护脚一般先铺 0.3～0.5m 厚石渣或先铺一层土工布再铺石渣垫层，上面抛石 1.0m 或砌石 0.5m 厚，表层采用较大块石并应理砌，宽度一般不小于 3～5m。直立堤前因波浪底流速较大，护脚宽度比斜坡堤宽，要求也较高。波浪较大、受冲刷较严重的堤段，常采用混凝土人工块体、石笼等护脚。

在粉砂土高滩上新建的斜坡式海塘，由于塘前滩地刷深可达 4～6m，从而使外坡脚趾挂空，虽然曾采取抛块石、加深坡脚、增做水平护坦等多种措施，但效果不佳，以致屡修屡坍。现采用在护坦外沿用小沉井做垂直保护的方案，基本上解决了钱塘江河口斜坡式海塘堤脚防冲的问题。并且施工速度较快，成本较低。该小沉井为边长 1m、高度 4～5m、壁厚 10cm 的钢筋混凝土预制件。沉井底高程在最低冲刷线以下，沉井群的顶部由锚筋和钢筋混凝土连续梁相连，并通过拉杆与护坦构成整体。

### 七、消浪措施

根据波浪大小、地形和断面型式等，在临海侧可采用工程措施、植物措施等消浪。

工程消浪措施可采用消浪平台、反弧形断面、消力齿（墩）、灌砌外凸块石或阶梯差动护坡、预制混凝土异型块体等。常见预制混凝土异型块体设计与前“四、护面结构”中一致。

堤前可采用潜堤或植物消浪。消浪计算宜按 GB/T 51015—2014《海堤工程设计规范》附录 E 进行。

## 第四节　海 堤 地 基 处 理

海堤地基（简称堤基）处理应根据海堤工程级别、堤高、地质条件、施工条件、工程使用和渗流控制等要求，选择经济合理的方案。

堤基处理应满足渗流控制、稳定和变形的要求，并应符合下列规定：

(1) 渗流控制应保证堤基及堤脚外土层的渗透稳定。

(2) 堤基稳定应进行静力稳定计算。按抗震要求设防的海堤，其堤基应进行动力稳定计算，对可液化地基还应进行抗液化分析。

(3) 堤基和堤身的工后沉降量和不均匀沉降量应不影响海堤的安全运用。

对堤基中的暗沟、古河道、塌陷区、动物巢穴、墓坑、坑塘、井窖、房基、杂填土等隐患，应探明并采取处理措施。

对浅埋的薄层软土宜挖除；当软土厚度较大难以挖除或挖除不经济时，可采用垫层法、加筋土工织物铺垫法、放缓边坡或反压法、排水井法、抛石挤淤法、爆炸置换法、水泥土搅拌桩法、振冲碎石桩法等进行处理，也可采用多种方法结合进行处理。软基处理及计算应按 GB/T 51015—2014《海堤工程设计规范》附录 N 进行。

当采用垫层法时，垫层可选用透水材料加速软土排水插结，透水材料可采用砂、砂砾、碎石，必要时可采用土工织为隔离、加筋材料。但在防渗体部位，应避免造成渗流通道。

当海堤的填筑高度达到或超过软土堤基能承受的高度可在堤脚处设置反压平台。反压平台的高度和宽度应通过稳定计算确定。

在深厚软土中新建海堤，采用排水井法时，竖向排水设施应与水平排水层相结合形成完整的排水系统。

在距离石料场近、软土层厚度有限、工期紧的地段，允许爆破的海堤，可采用爆炸置换法，但应做好施工安全和环境保护措施。

当施工工期允许时，可采用控制填土速率填筑。填土速率和间歇时间应通过计算、试验或结合类似工程分析确定。

重要的或采取其他堤基处理方法难以满足要求的海堤，可采用水泥土搅拌桩、振冲碎石桩、淤泥固化等方法处理。

## 第五节 海堤稳定与沉降计算

### 一、土坡和软基滑动稳定计算

海堤工程多建在海涂软基上。在软黏土地基上筑堤，因地基失稳而引起的滑动破坏屡见不鲜。关于软基上海堤的滑动稳定问题，浙江、福建等省曾在多处海堤做过现场试验。试验表明，当软土层较厚时，滑裂面近似为一圆弧，而且切入地面以下一定深度。地基失稳破坏情况可能发生在施工期内或竣工后，一般在海堤竣工时或分期施工加荷结束时最易发生滑动事故。设计时应根据不同条件选取代表性断面，选择可能的不利情况分别进行稳定分析计算。

进行海堤稳定计算时，考虑可能出现的内外水位不利组合和可能的不利荷载组合。例如，验算海堤土坡和地基向外海侧滑动时，外水位取由高潮位降至设计低潮位，或水位降至压载平台顶部或滩面高程，内水位取内港计算高水位或最高调洪水位；当计算向内侧滑动时，外水位取计算高潮位（常用多年平均潮位），内水位取最低控制水位或按无水考虑。作用在堤上的荷载有自重、渗透水压力、堤顶荷载及地震力（特殊组合荷载）等。潮位升降作为水位骤升骤降处理，此时近似认为堤身浸润线保持原位置不变。

计算自重时，水下部分按浮容重计，水上部分对堆砌石按干容重计，对土体因软黏土堤身排水困难，可根据情况采用饱和容重或湿容重。渗透力一般按下述简化方法处理：计算滑动力矩时，浸润线以下，计算低潮位以上部分采用饱和容重，但计算抗滑力矩时按浮容重计。浸润线的位置，对一般海堤可将内外水位与防渗土体边坡的交点以直线连接而成。

计算时宜考虑地基的沉降，即地基产生沉降后原地面线发生改变，此时将各点沉降量连成折线，将此折线视作地面线。有现场试验显示，计算时若不考虑沉降，得出的安全系数可能偏大，即偏于不安全方面。

海堤稳定一般按平面问题用圆弧滑动面法计算。地基有软弱夹层时，宜采用复合滑动面计算。在我国围海工程的海堤设计中，常用的计算方法有一般条分法、有效固结应力法、$\varphi=0$ 法、有效应力法等，根据工程规模，地基条件，施工期长短，是否采用人工加固措施等选用相宜的计算方法。对于每一计算断面和每一计算情况，取不同滑动中心及滑弧半径，以试算法求出最小安全系数。我国在 20 世纪五六十年代一般采用手算，70 年代后逐步采用电子计算机计算。

1. 有效固结应力法

当施工历时较长，软土地基受堤身荷重作用产生部分固结时，宜采用此法。

抗滑稳定安全系数 $F$ 按式（2－33）计算（图 2－13）：

$$F=\frac{\sum_{A}^{B}[C_{ui}L_i+W_{\mathrm{I}i}\cos\alpha_i\tan\varphi_{ui}+U_z\sigma_{zi}L_i\tan\varphi_{cu}]+k_1\sum_{B}^{C}(C_{\mathrm{II}}L_i+k_2W_{\mathrm{II}i}\cos\alpha_i\tan\varphi_{\mathrm{II}})}{\sum_{A}^{B}(W_{\mathrm{I}i}+W_{\mathrm{II}i})\sin\alpha_i+\sum_{B}^{C}(W_{\mathrm{II}i}\sin\alpha_i)} \tag{2-33}$$

式中 $L_i$——第 $i$ 土条的弧长，m；

$W_{\mathrm{I}i}$——第 $i$ 土条地基部分的重量，kN/m；

$W_{\mathrm{II}i}$——第 $i$ 土条在堤身部分的重量，kN/m；

$\alpha_i$——第 $i$ 土条弧段中点切线与水平线的夹角，(°)；

$\sigma_{zi}$——堤身荷载在第 $i$ 土条弧段中点处的附加应力，kPa；

$U_z$——土条底面所在地基土的固结度；

$C_{ui}$——地基土层的黏聚力，kPa；

$\varphi_{ui}$——地基土层的内摩擦角，(°)；

$\varphi_{cu}$——固结不排水剪求出的地基土内摩擦角，(°)；

$C_{\mathrm{II}}$——堤身土层的黏聚力，kPa；

$\varphi_{\mathrm{II}}$——堤身土层的内摩擦角，(°)；

$k_1$——堤身抗滑力矩折减系数；

$k_2$——堤身强度指标折减系数。

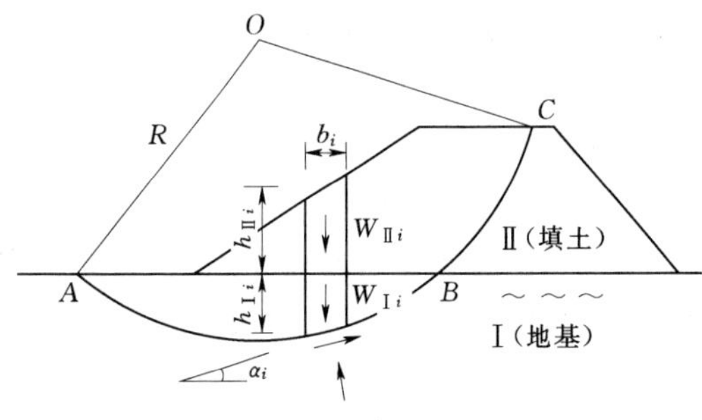


图 2－13 有效固结应力法计算简图

此法可用于分期间歇施工，或在地基中采用排水固结设施的海堤的稳定计算。若施工时间短，不考虑堤身荷载引起地基土固结作用，则采用一般条分法计算。

有效固结应力法现已在海堤软土地基中得到较广泛应用。式（2－33）分子第三项中的 $\sigma_z U_z\tan\varphi_{cu}$ 为海堤堤身荷载引起地基土层部分固结而产生的强度增量 $\Delta\tau$。实践表明该式计算强度增长结果比较可靠，例如浙江东海塘海堤试验工程，采用该式计算预压地基的强度增长与实测的强度也很接近。此法计算时可按堤身荷载大小不同分区，$\Delta\tau$ 分区计算取值。对重要的海堤工程，最好用实测资料进行验证。对小型工程，若作简化计算，可将 $\sigma_z U_z\tan\varphi_{cu}L_i$ 改为 $\overline{WU}\tan\varphi_{cu}$。

软土地基上黏性土填筑的海堤，在滑裂形成之前，堤身一般已产生一定深度的裂缝；而以抗剪强度比较高的材料填筑时，在其抗剪强度尚未全部发挥作用之前，软土地基已先破坏。因此用式（2－33）计算堤身抗滑力矩时，采用了折减系数 $k_1$。此外，由于施工历时长，填土上部和下部的固结度有差别，堤身填料采用固结不排水剪强度指标时，也需作

适当折减，因而采用堤身强度指标折减系数 $k_2$。$k_1$、$k_2$ 的值，建议 $k_1$ 可用 0.6～0.8；$k_2$ 可用 0.5，但实际上各地根据经验取值。也有不用折减系数的，此时堤身填料的强度指标则采用不排水剪（快剪）强度指标。

2. $\varphi=0$ 法

正常固结的海相沉积饱和软黏土地基，当采用十字板强度，且强度随深度线性变化时，其抗滑稳定安全系数 $F$ 按式（2-34）计算：

$$F=\frac{2R[(\tau_0-\lambda y)\theta+\lambda b]+k_1\sum_B^C[C_iL_i+k_2W_i\cos\alpha_i\tan\varphi_i]}{\sum_A^C(W_i\sin\alpha_i)} \tag{2-34}$$

式中 $R$——滑弧半径，m；

$\tau_0$——十字板强度—深度关系曲线的截距，kPa；

$\lambda$——十字板强度—深度关系曲线的斜率；

$\theta$——$\overset{\frown}{AB}$弧段所对应圆心角之半，rad；

$C_i$——第 $i$ 土条滑动面上堤角身土的抗剪强度指标，kPa；

$\varphi_i$——第 $i$ 土条滑动面上堤身土的抗剪强度指标，(°)；

$W_i$——第 $i$ 土条的总重量，kN/m；

$y$、$b$——如图 2-14 所示。其他符号同前。

若施工时间较长，考虑地基强度增长时，应按增长后的强度计算。为了比较合理地考虑各部位的地基强度，提高计算精度，稳定计算时将地基按抗剪强度不同进行分区。当滑弧经过几个强度不同的区域时，公式（2-36）分子中的 $2R[(\tau_0-\lambda_y)\theta+\lambda b]$ 应改写为 $\sum_A^R 2R[(\tau_{0i}-\lambda_i y)\theta_i+\lambda_i b_i]$，其中 $\tau_{0i}$、$\lambda_i$、$\theta_i$、$b_i$ 代表各个分区的计算参数。

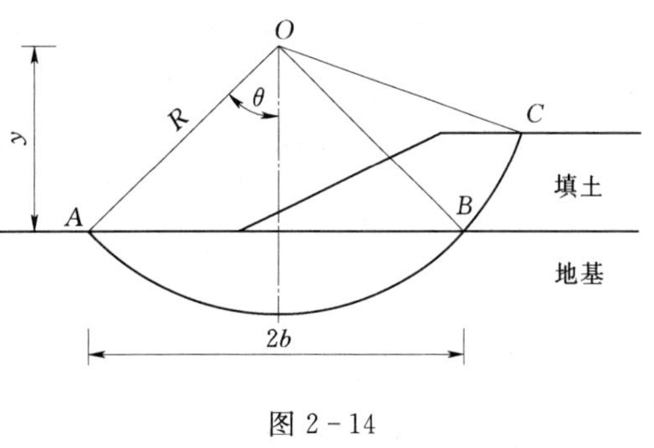


图 2-14

浙江、福建等省的小型围垦工程，当地基无排水固结处理措施，堤身高度不大（≤5～6m），不考虑堤身填土作用时，也采用 $\varphi=0$ 简化稳定计算图表法进行稳定分析。

3. 有效应力法

抗滑稳定安全系数 $F$ 按式（2-35）计算：

$$F=\frac{1}{\sum W_i\sin\alpha_i}\sum[c_i'b_i+(W_i-u_ib_i)\tan\varphi_i']\frac{1}{m_{\alpha i}} \tag{2-35}$$

$$m_{\alpha i}=\cos\alpha_i+\frac{\sin\alpha_i\tan\varphi_i'}{F}$$

式中 $c_i'$——第 $i$ 土条滑动面上的有效强度指标，kPa；

$\varphi_i'$——第 $i$ 土条滑动面上的有效强度指标，(°)；

$b_i$——第 $i$ 土条的宽度，m；

$u_i$——第 $i$ 土条滑动面上的孔隙水压力，kPa。

式（2－35）因 $m_{\alpha i}$ 中含有安全系数 $F$，故需进行试算，计算时先假定 $F$ 等于 1 计算 $m_{\alpha i}$，再按式（2－35）得到新的 $F$；如果算出的 $F$ 不等于 1，则用此 $F$ 求出新的 $m_{\alpha i}$ 和 $F$。如此反复迭代，直到前后两次 $F$ 非常接近为止；通常只要迭代 3～4 次就可得到满足精度要求的解，而且迭代通常总是收敛的。也可查有关文献的 $m_a \sim f$（$\alpha_i$，$\tan\varphi_i'/F$）曲线图求解。

采用有效应力法，需计算或测量出土体中有关部位起始孔隙水压力和孔隙水压力的消散程度，并要求三轴仪进行试验。最好能通过现场试验，采用实测孔隙水压力资料验证。

4. 铺设土工合成材料后，安全系数增加值计算

海堤软基上常铺设土工合成材料（土工织物、土工格栅等）做加筋垫层，此时进行圆弧滑动稳定分析可假定土工织物和滑弧相交处形成一个与滑弧适应的扭曲，且认为土工织物的受力方向与滑弧相切，则土工织物加筋层引起的抗滑力矩为 $nT_dR$，这时所增加的安全系数 $\Delta F$ 可按式（2－36）计算：

$$\Delta F=\frac{nT_d}{\sum W_i\sin\alpha_i} \tag{2-36}$$

式中　$T_d$——土工织物（单层）的设计（容许）抗拉强度，kN/m，可取其极限抗拉强度的 20%～40%；

$n$——土工织物层数。

从实际工程情况看，按上式所求得的安全系数增量偏小，尚不能完全反映铺设加筋垫层的实际作用。这可能也未考虑土工织物对地基应力分布的调整、约束和限制侧向变形、使地基排水固结等多种因素有关。关于土工织物垫层的作用机理和计算方法还需要进一步研究。

稳定分析时，抗剪强度指标的选用至关重要，它对分析计算的可靠性影响极大。强度指标与计算条件、计算方法等密切相关，确定强度指标和安全系数需根据有关规范和文献，并参照当地已有的实践经验。

## 二、防浪墙稳定计算

海堤堤顶防浪墙的底部高程在波浪爬高范围内时，防浪墙受波浪力作用，需验算其抗滑移和抗倾覆稳定。作用在防浪墙上的荷载主要有自重、波浪力（含水平力及浮托力）。防浪墙埋入堤顶时，由于后侧填土（或堆石），因此还受土压力作用，但若埋入深度较浅，可不予考虑。

关于防浪墙的波压力计算，当海堤为斜坡式时，按斜坡式建筑物胸墙波压力计算。当海堤为陡墙式（含直立式）时，根据直立式建筑物前波浪特性（波态）计算其波压力后，截取作用于防浪墙上的波压力，具体计算方法可参照有关规范。

防浪墙通常只考虑向内侧的抗滑、抗倾稳定，并取设计高潮位为堤前计算水位。

## 三、渗透稳定计算

渗透稳定计算需判别土的渗透变形类型，判明堤身和地基土体的渗透稳定性，进行堤

坡渗流出逸段的渗流计算分析，以选择经济合理的防渗、排渗设计方案或加固补强措施。

渗流稳定计算需在渗流计算的基础上进行，通过渗流计算以求得浸润线及堤坡出逸点位置、出逸段渗流比降、渗流量等。

对海堤而言，由于外水位受潮汐作用控制而时涨时落，呈周期性变化，土堤内渗流为非恒定渗流，不可能形成稳定的浸润线。

目前我国对4、5级围垦工程的海堤，一般不做渗流计算和渗透稳定计算。对3级围垦海堤一般常规的水力学恒定流方法进行渗流计算，但对计算情况做以下近似处理：①计算浸润线位置及逸出比降时，以大潮平均高潮位作为外水位，内水位则取相应的低水位或无水等情况；②计算渗流量时，以平均潮位作为外水位。当土的渗透系数不大于$10^{-3}$cm/s时，渗流量较小。渗流计算方法可参照GB 50286—2013《堤防工程设计规范》附录E渗流计算进行，并应包括下列计算内容：①应核算在设计高潮（水）位持续时间内浸润线的位置，当在背海侧堤坡逸出时，应计算出逸点的位置、出逸段与背海侧堤基表面的出逸坡降；②当堤身或堤基土渗透系数$k$不小于$10^{-3}$cm/s时，应计算渗透量；③应计算潮（水）位降落时临海侧堤身内的浸润线。

（1）受洪水影响较大的海堤渗流计算应计算下列水位的组合：

1）临海侧为设计洪水位，背海侧为相应不利水位。

2）洪水降落时对临海侧堤坡稳定最不利的情况。

（2）受潮水影响较大的海堤渗流计算应计算下列水位的组合：

1）临海侧为设计潮（水）位或台风期大潮平均高潮位，背海侧为相应不利水位；潮位降落时对临海侧堤坡稳定最不利的情况。

2）以大潮平均高潮位计算渗流浸润线。

3）以平均潮位计算渗流量。

（3）复杂地基可按下列规定进行简化计算：

1）对于渗透系数相差5倍以内的相邻薄土层可视为一层，采用加权平均的渗透系数作为计算依据。

2）双层结构地基，当下卧土层的渗透系数是上层土层的渗透系数的1/100及以上时，可将下卧土层视为不透水层；表层为弱透水层时，可按双层地基计算。

3）当直接与堤底连接的地基土层的渗透系数比堤身的渗透系数大100倍及以上时，可认为堤身不透水，仅对堤基按有压流进行渗透计算，堤身浸润线的位置可根据地基中的压力水头确定。

（4）渗透稳定应进行下列判断和计算：

1）土的渗透变形类型。

2）堤身和堤基土体的渗透稳定性。

3）海堤背海侧渗流出逸段的渗透稳定性。

（5）土的渗透变形类型的判定应按现行国家标准GB 50487《水利水电工程地质勘察规范》的有关规定执行。

（6）背海侧堤坡及地基表面出逸段的渗流坡降应小于允许坡降。当出逸坡降大于允许坡降时，应设置反滤层、压重等保护措施。

（7）砂性土防止渗透变形的允许坡降应以土的临界坡降除以安全系数确定，安全系数宜取1.5～2.0。无试验资料时，砂性土的逸出段允许坡降可按表2-23选用，有反滤层时可适当提高。特别重要的堤段，其允许坡降应根据试验的临界坡降确定。

**表2-23　　砂性土逸出段允许坡降**

| 渗透变形型式 | 流土型 | | | 过渡型 | 管涌型 | |
|---|---|---|---|---|---|---|
| | $C_u<3$ | $3\leqslant C_u\leqslant 5$ | $C_u>5$ | | 级配连续 | 级配不连续 |
| 允许坡降 | 0.25～0.35 | 0.35～0.50 | 0.50～0.80 | 0.25～0.40 | 0.15～0.25 | 0.10～0.15 |

注　1. $C_u$为土的不均匀系数。
2. 表中的数值适用于渗流出口无反滤层的情况。

（8）黏性土流土型临界水力坡降宜按下式计算。其允许坡降应以土的临界坡降除以安全系数确定，安全系数不宜小于2.0。

$$J_{cr}=(G_s-1)(1-n) \tag{2-37}$$

式中　$J_{cr}$——土的临界水力坡降；

$G_s$——土的颗粒密度与水的密度之比；

$n$——土的孔隙率，%。

对海涂水库的海堤则作为土坝看待，可参照SL 274—2001《碾压式土石坝设计规范》有关要求计算，应考虑海涂水库运行中出现的不利条件，库内取水库最高运用水位，库外（海堤外海侧）取潮位降至涂面的情况进行计算。对1、2级围海工程的海堤按非恒定流方法进行计算。

在没有保护措施的条件下，保证堤坡及堤基表面逸出段渗透稳定的条件是渗流出逸比降应小于允许比降。若出逸比降大于允许比降，一是采取在出逸段设置反滤层、加盖压重或排水设施等，二是可增加渗径以减小水力比降，如放缓出逸段堤坡、设戗台等。

## 四、海堤沉降计算

由于软土地区海堤的沉降量较大，历时较长，海堤在完工后还会产生较大的沉降。因此在软土堤基设计时应计算沉降量，并根据实践经验和固结计算结果，预留沉降超高。

一般旧堤完工后至今都已经历较长的时间，旧堤堤身荷载引起的沉降已基本完成，因此旧堤加固一般只计算新增荷载产生的沉降。但若旧堤完工时间较短，其固结沉降尚未完成，则沉降计算时还应考虑旧堤的剩余沉降。剩余沉降可通过固结计算确定或根据沉降观测结果推算。

分层总和法是沉降计算常用的方法，该方法简明实用，一般情况下计算结果能满足要求。旧堤平均附加固结应力根据对应旧堤土层平均附加应力与平均固结度确定。孔隙比由室内固结试验$e-p$曲线查得。

根据堤基的地质条件、土层的压缩性、堤身的断面尺寸、地基处理方法及荷载情况等，可将海堤分为若干段，每段选取代表性断面进行沉降计算。为了简化计算，可取用平均低潮（水）位时的工况作为荷载计算条件。

堤身和堤基的最终沉降量可按式（2-38）计算。若填筑速度较快，堤身荷载接近极限承载力时，地基产生较大的侧向变形和非线性，其最终沉降计算应考虑变形参数的非线

性进行专题研究。

采用分层总和法计算地基沉降，计算公式如下：

$$S_{\infty}=m_s\sum_{i=1}^{n}\frac{e_{1i}-e_{2i}}{1+e_{1i}}h_i \tag{2-38}$$

式中 $S_{\infty}$——最终沉降量；

$m_s$——沉降系数，一般 $m_s=1.3\sim1.6$；

$e_{1i}$、$e_{2i}$——在地基自重应力、自重应力与附加应力作用下，第 $i$ 计算分层中点处土体的孔隙比；

$h_i$——沉降计算第 $i$ 分层厚度，计算取 1.0m。

软土地基工后沉降量应结合计算和类似工程经验等综合分析确定。

堤身荷载接近地基极限承载力时，侧向变形较大，沉降计算可能有较大误差，应进行专题研究。

为了合理进行堤身各部位预留加高施工，应确定海堤各结构部位的工后沉降量。海堤工后沉降量为最终沉降量与施工过程已发生沉降量的差值。软土地基工后沉降量应根据固结度计算、原位观测和类似工程经验及堤上建（构）筑物等综合分析确定。

## 第六节 海堤与建筑物的交叉和连接

建（构）筑物穿过堤身及与堤身交叉都将会增加海堤的不安全因素，应尽量减少其数量，并合理布置，以减少不安全因素。既要考虑兴建与海堤交叉、连接的各类建（构）筑物自身的运用要求，又要保证海堤安全。建（构）筑物的防潮（洪）标准不应低于所处海堤的防潮（洪）标准。与海堤交叉、连接的各类建（构）筑物布置，不应降低海堤断面的安全。

在设计与海堤交叉、连接的各类建（构）筑物时，应考虑由于地形、水流等条件的改变而引起的冲、淤变化对海堤产生的影响。压力管道、热力管道，输送易燃、易爆流体的各类管道近年来频繁地与海堤交叉连接，本节所提的安全防护措施主要指管道通过不致对海堤结构安全及运行管理造成威胁。

### 一、穿堤建筑物

穿堤建（构）筑物与海堤的连接部位是薄弱环节，衔接、过渡措施的要求相对较高。闸、泵站、涵洞、管道等穿堤建筑物与同部位海堤的基础处理和结构型式有所不同（如采用桩基础），由于沉降量的不同，导致不同沉降差结构基底托空，特别是穿堤建（构）筑物在有水位差工况运行时，托空处本身就是一个渗漏通道，直接影响海堤的安全，必须引起重视。

由于港口、码头设计采用行业规范，从海堤所保护的区域安全全面考虑，其布置应以满足海堤的防潮（洪）安全标准为原则。

对交通道口底部做出高程要求，是为了避免交通道口成为溃堤的隐患。在风暴潮到来之前，必须实施交通道口的临时封堵措施。

设置截流环、刺墙可以延长渗径和降低渗流坡降，但必须确保其余周边填料紧密结合，在渗流出口设反滤排水，可以有效地防止出渗点带走堤身土料。

穿堤建（构）筑物破堤施工时，在其未正常启用前，要保持封闭状态，不允许出现由于外海涨潮而引起海水倒灌。

### 二、跨堤建筑物

采用跨堤式布置的建（构）筑物，为满足海堤在防潮（洪）抢险、管理维修等方面的需要，跨堤部分水平结构轮廓最底部至堤顶间净空高度应有一定的要求，可参考 JTGB 01—2003《公路工程技术标准》中 2.0.7 条对三、四级公路的要求。

跨堤建筑物和构筑物由于结构布置的需要，支墩布置在背海侧堤身时，要采取截渗、防渗措施，不允许存在由于接触渗漏产生的渗透坡降过大而导致的渗透破坏隐患。

连接港口、码头附属建筑物主要是指布置于临海侧海域的防波堤、栈桥，其与港口、码头枢纽的连接交通采用跨堤式布置，可以避免海堤由于不同使用工况的叠加，而设计时又未充分考虑所造成破坏。

布置于临海侧岸滩的跨堤建（构）筑物支墩影响了堤脚和岸滩的流态，特别是支墩上、下游侧，涨退潮时分别是前后缘，遇到强风暴潮时作用更强烈，采取有效的防冲刷措施后，可以减小支墩周围的冲刷，保证堤脚和岸滩稳定。

跨堤铁路、公路桥桥面雨水排水系统一般采取垂直排放，由于跨度的限制，海堤背海测结构布置范围内多少存在有桥梁的支墩，即为桥面垂直排水的出口，如不引接至海堤结构布置范围外，将造成堤面的集中冲刷。

## 第七节　海堤龙口设计

在海堤工程中，当海堤修筑到最后阶段，要预留一个或几个口子作为潮流进出的通道，称之为龙口或口门。

### 一、龙口布置

龙口布置包括口门个数、位置及尺寸 3 个问题。

1. 口门个数

在口门个数的选择上，我国大多数工程均采用单一口门的方案，因为易于现场组织管理和施工场地布置，能集中力量、提高效率。但在某些有利的地形地质条件下，如堤线通过岛屿，且岛屿具有足够的施工场地、交通又方便的情况下，也采用多口门堵口方案。多口门堵口方案的优点是可以分散水流，减小单一口门承受的压力；各口门可分担风险，一旦失事可能减少损失；堵口工作面多，可以减轻单一口门的抛投强度等。在施工顺序上，有的是每个口门单独堵口；也有两个或更多口门同时堵口，相互配合，利于改善堵口水力条件。

2. 口门位置

口门位置的选择应考虑地形、地质、水深、堵口材料来源、运输条件和水闸位置等因素。我国大多数围海工程，口门均选在地质条件好和水较深的深港段。地质条件好，有利于地基稳定和防止水流冲刷；设在深港段，水流顺畅，有利堤头稳定，且水深较大能起到水垫消能作用，有利于减轻截流堤坡脚和下游的冲刷。同时，口门离水闸保持一定距离，以免水闸泄流影响堵口；口门两侧有料场及堆料场地，以便陆运立堵抛石进占；口门外海附近有适合于船运平堵抛石的石料料场。

3. 口门尺寸

口门尺寸（宽度）根据口门的控制流速确定。所谓口门控制流速系指口门在相应的防护措施下，能安全经受此流速通过，也指口门过水期中可能出现的最大流速，其值可根据口门过水期的设计潮型进行口门水力计算求得。显然，口门尺寸小，控制流速大，则对口门防护要求高，但堵口工程量小；反之，口门尺寸大控制流速小则防护措施要求可低些，但堵口工程量增大。一个合适的控制流速，应根据工程实际情况（特别是施工条件）选定。

目前我国海堤工程流速多选用 2～3m/s 左右。表 2-24 为根据多个海堤工程实际情况所统计的口门尺寸与龙口吞吐量的关系，可供初步选择口门尺寸时参考，这些工程的控制流速均在 3m/s 范围内。

**表 2-24　　口门尺寸与龙口吞吐量关系**

| 龙口吞吐量/万 $m^3$ | 1000 | 2000 | 5000 | 10000 |
|---|---|---|---|---|
| 口门尺寸/m | 50～80 | 100～150 | 200～300 | 400～700 |

## 二、龙口防护

龙口形成后，在堵口开始前，是水流进出的通道。这时水流集中，形成一股楔形水流，在涨、落潮时均可出现较大落差和流速；在口门两侧还可能出现立轴漩涡。大流速的水流对口门基础会造成冲刷，立轴漩涡则对口门两侧底部和堤头有较大的破坏力，福建西陂圹围海工程第一次堵口失事就是由于立轴漩涡破坏而引起的。所以在龙口形成的过程中必须同时做好龙口防护工作。

龙口防护包括护底及两侧堤头保护。

1. 护底

护底作用是保护口门基床不受冲刷破坏。护底宽度应大于龙口的宽度；其长度可用水力学方法计算或根据经验确定。要指出的是，随着口门的压缩，龙口水力要素值也随之变化，因而龙口护底长度可随口门压缩情况分几个阶段采用不同尺寸。

护底构造一般先铺 0.5m 左右厚的碎石或石渣垫层，也有工程在垫层下铺设一层土工布，甚至用土工布替代垫层的，再在垫层上抛 1～2 层块石，块石尺寸根据口门水流流速确定。为保证护底的稳定，也有工程在护底与截流堤交接处和护底端部设置部分大块石或铁丝石笼等大型材料。铺设护底，一般均遵循“先低后高”即地面高程处先铺，“先近后远”即靠近堤头处先铺和“先普遍铺再逐步加厚”的原则。

护底工作应在堵口开始前完成，且尽早在流速较小时铺设，既可防止基床冲刷，又易于抛筑石料。

2. 两侧堤头保护

在口门形成后、堵口开始前以及堵口过程中截流堤停止进占时，应对口门两侧堤头进行保护，以防止龙口水流、立轴漩涡及堤身渗流对堤头的破坏。首先，堤头不宜形成陡坡，应尽可能放缓，以利于改善口门水流态势；福建省西埔围海工程在龙口设置挑流导堤对防止漩涡破坏起到了较好作用。其次，应对堤头一定范围内的堤坡进行保护，此项工作称为裹头。裹头的材料一般采用块石或石笼，其尺寸根据水力计算确定。

## 第八节　海堤安全监测

海堤工程安全监测是监视、控制海堤工程施工期、运行期安全，核算沉降量，检验与完善设计的重要手段。一旦发现不正常现象，可据此及时分析原因，采取防护措施，防止事故发生，保证工程安全运行，并可通过原型观测积累观测资料，检验设计的正确性和合理性，为科研积累资料，提高海堤工程设计管理水平。运行期一般 2～3 月观测 1 次，遇特殊条件应适当加密观测次数。

监测项目及监测设施应根据海堤工程的级别、水文气象条件、地形地质条件、堤型、穿堤建筑物特点及工程运用要求进行设置。

监测设施包括安装埋设的各种设备和专门仪器。选用的设备和仪器的质量、性能和精度均要满足要求。安装埋设的部件应精心施工，在设计周期内能投入正常使用，保证安全，收到实效。

本节提出了安全监测项目及监测设施设计的一些原则性要求。海堤工程具有与其他挡水建筑物不同的特点和复杂性，如地质条件复杂、堤线长、潮（洪）水位变化迅速、台汛期容易出现险情等，其监测设计应在全面收集资料的基础上，确定监测项目，选择有代表性的监测断面，做到少而精，经济合理。

监测设施的安装埋设是极其细致的工作，设计需要考虑其施工条件，并提出保护措施，尽量减少安装上的困难，保证精度达到要求，方便检测，保护监测设施的完好。

监测设施沿堤线布设，工作环境是露天或在水中，汛期发生海潮或大洪水时，又是最需要观测的时候，所以监测条件特别重要；如至各观测点应有交通条件，汛期各险工险段需要有照明设施，监测水流形态与护岸工程应有交通工具等，还要有各种安全保护措施，以防发生人身伤亡和设备损坏事故，这都是监测设计不可忽视的重要内容。

监测项目分一般性监测项目和专门性监测项目两种。根据海堤工程堤线长、堤身填土和堤基较为复杂的特点和监测工程安全的需要，对 1～3 级海堤工程提出一般性监测项目。在特殊堤段可有重点、有针对性的安排专门性监测项目，应根据设计、科研与监测工程安全的需要，结合实际情况确定。专门性监测项目侧重于科研、设计需要或特殊需要。

根据沿海地区海堤建设经验，一般性监测断面控制间距在 2～5km 之间；为了有效控制施工期稳定，合理确定预留沉降加高值，沿海堤轴线每隔 200～400m 应设置 3～5 个地

表沉降测点和1～2个位移边桩。

海堤尤其是软土地基海堤，施工期的监测很重要，应引起重视，并应考虑与永久监测设施相结合。根据沿海地区海堤建设经验，施工期根据加载速率控制，加载期间及加载后一定时间内1天观测1次，间歇期3～4天观测1次，如有滑移、开裂或破坏迹象，可适当加密测次。

# 第三章 海 堤 工 程 施 工

施工单位应严格按照经过批准的设计文件进行海堤工程的施工（图 3-1），不应擅自变更。工程开工前，施工单位应根据设计文件和建设单位要求编制施工计划，并报主管部门批准。施工计划中应包括安全度汛及防台避风措施。施工中应严格按现行 SL 260—2014《堤防工程施工规范》、SL 239—1999《堤防工程施工质量评定与验收规程》、SL 634—2012《水利水电工程单元工程施工质量验收评定标准——堤防工程》等规定执行。

海堤工程施工程序如图 3-2 所示。

## 第一节 施 工 准 备

施工准备工作包括工前准备、技术准备、料场核查、机械设备准备、材料准备、劳动力准备等，每项准备工作的具体内容如下：

1. 工前准备

（1）建立项目领导机构，设立项目部，选择精干施工队伍。

（2）组织管理人员及劳动力进场，进行现场平面布置。

（3）办妥各项施工手续，做到有准备开工，按规范施工。

2. 技术准备

（1）熟悉图纸、会同相关单位进行图纸会审。

（2）明确施工任务，编制详细的实施性施工组织设计。

（3）施工前对测量仪器进行校核。

（4）按施工进度安排做好技术交底工作。

3. 料场核查

（1）料场位置、开采条件，对土料储量做出估算。

（2）了解料场的水文地质条件及受水位变动影响情况。

（3）核查土料特性，采集代表性土样做相关试验。

4. 机械设备准备

（1）安排型号、规格、性能满足要求的机械设备进场。

（2）检修与预制件加工等附属工厂，应按所需规模及时安排。

（3）做好机械设备的组织保养工作。

5. 材料准备

（1）联系所需材料的供应方，做好分供方调查。

（2）根据工程施工进度及时组织材料进场。

（3）按施工规范要求对材料进行验收与试验。

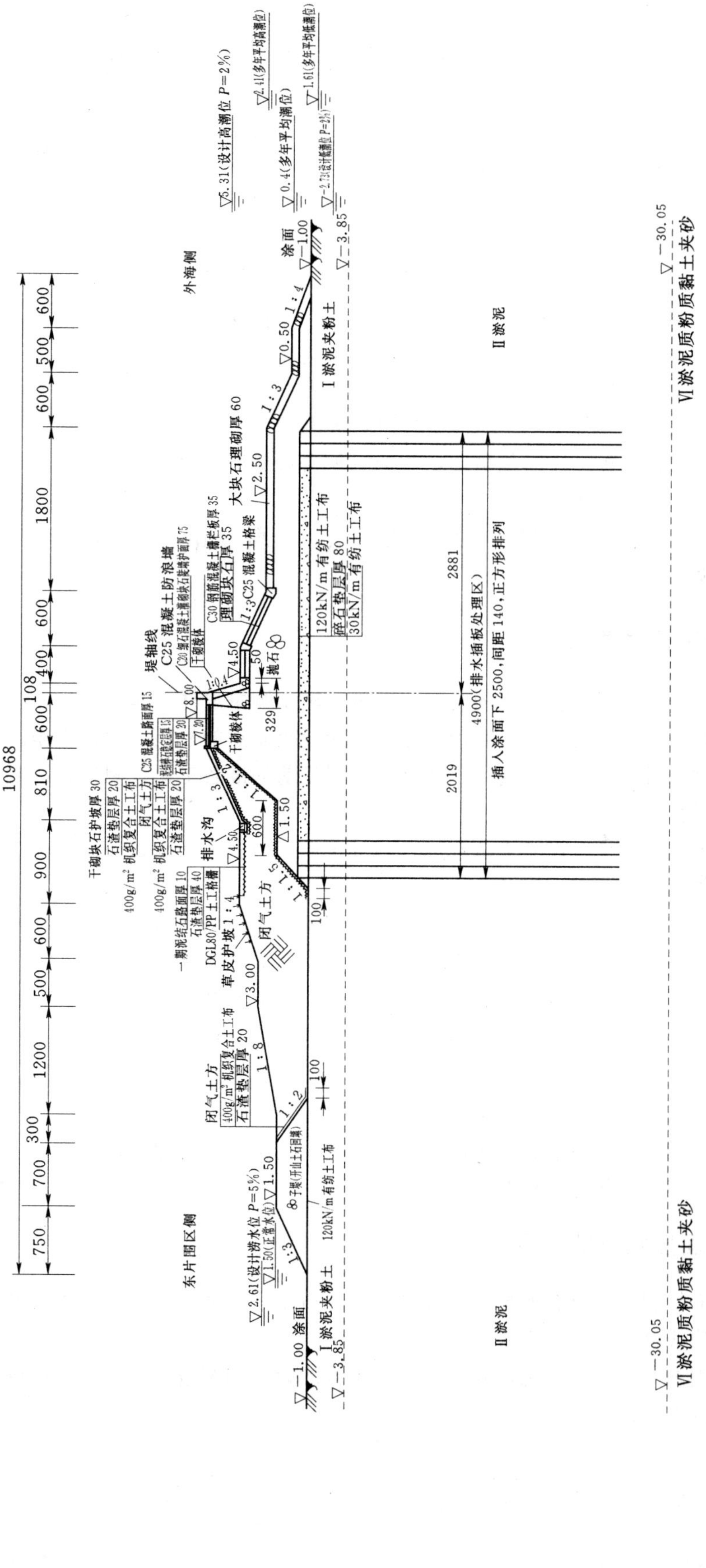

图 3-1 海堤典型断面示意图

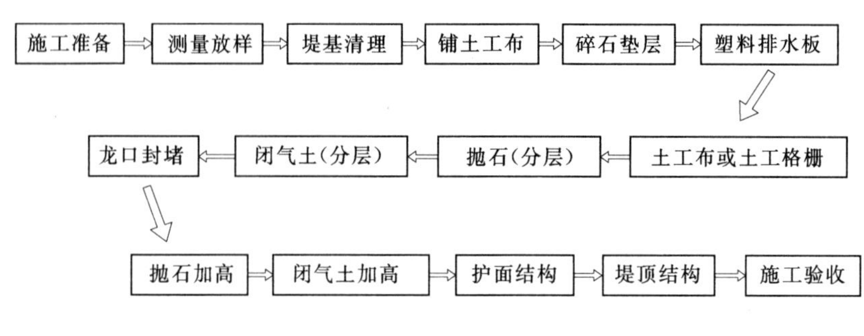


图 3－2　海堤工程施工程序图

6. *劳动力准备*

（1）根据施工进度计划，组织施工班组陆续进场。

（2）对技术性工种进行岗位培训，特殊工种实行持证上岗。

## 第二节　施　工　测　量

### 一、测量技术要求

（1）进场做好三通一平工作的同时，即进行施工测量放样工作。

（2）在施工前，将与业主、监理一起进行测量控制点的复核、设置工作。根据国家测绘总局对各种测量要求的有关规定，认真做好测量前的准备工作。测量时严格执行操作规定，提高测量精度。

（3）根据工程规模，设专人负责施工测量工作，做到全面准确地提供施工阶段所需的测量资料。

（4）施工阶段平面设置，根据建设单位提供的坐标点，定位基准线建立坐标控制系统，在堤脚相应部位设立坐标点、高程控制点，误差应符合规范要求。

（5）施工测量人员把测量标志统一编号，并编制在施工总平面图上，注明有关标志、相互距离、高程角度、以免发生差错，施工期间定期检查校核，以免发生位移。

（6）坐标点、高程控制点设置在坚实地基、不受施工影响、不易被损坏、便于保存的地方，并浇混凝土基础，设置保护桩。

（7）为了保证测量精度，在抛石、防浪墙等结构施工前，根据控制点测量放样，并进行再次复测校核，以保证工程精度。

### 二、平面控制点的设置

（1）平面控制点主要有海堤中心线样、抛填石方边线样、闭气土方边线样、护坡边线样、防浪墙边线样、水闸中心线等。

（2）根据图纸和实地情况，确定平面控制点的设置和测量的方法，一般海堤可采用导线控制测量的方法。

（3）利用业主提供的测量控制点与海堤中心桩坐标值之间的相互关系，采用经纬仪控制，进行堤坝中心桩设置。

（4）利用海堤各边线控制点与堤轴线控制点的关系，采用经纬仪控制角度，钢卷尺量距离，设置各边线控制点样。

（5）对各平面控制点应认真保护，中心桩浇筑混凝土保护，水上浮标设醒目标志。对各控制点应定期进行复核，以保证精度。

（6）水上作业平面控制时，采用GPS定位设备进行水上抛石的平面及水上定位，使用全站仪配合GPS进行抛石工程的平面控制。

（7）在施工船舶上安装两个GPS接收仪，可以动态记录有纺土工布铺设及排水板船体移动的轨迹，通过电脑显示屏实行实时监控。

### 三、高程控制测量

工程施工范围在海上，水准点无法布设时，高程测量分两期进行，前期采用高程，主要用于控制堤身填筑；后期在堤身填筑出水面后，将水准点引入建立控制点，用于堤身防护工程测量。

### 四、施工放样

采用船机水上施工时采用船载GPS测量定位系统进行定位布控，提高抛填的准确性，确保抛填质量。

堤坝上部施工的细部放样，在实地放出堤坝中心轴线、轮廓线、转角点，并用醒目的标志加以标定，并标明桩号及高程。

## 第三节 施 工 度 汛

在海堤工程施工中，工程的施工建设通常会对围区内区内陆河系的度汛排涝造成一定的影响，相关单位应根据水文气象资料，为减少工程在汛期施工时的损失，要做好工程度汛与防洪的准备。及时合理解决度汛和导流问题，能够保证汛期围区内陆百姓的生命财产安全，有利于创造一个和谐的施工环境，确保海堤工程的施工进度。

### 一、施工度汛目标

一般工程海堤工程施工工期较长，在施工期要经历多个台汛期，故对施工度汛问题必须重视。度汛目标主要包括龙口段的度汛保护、非龙口段海堤的保护、水闸的保护以及施工人员、机械设备和船只的安全。

### 二、施工度汛的防（潮）洪标准

海堤工程跨汛期施工时，其施工度汛的防洪（潮）标准，应根据不同的挡水体类别和海堤工程级别，按表3-1采用。

表 3-1　　施工度汛的防洪（潮）标准

| 堤防工程级别 | 1～2级 | 3级以下 |
|---|---|---|
| 海堤 | 10～20年一遇 | 5～10年一遇 |
| 围堰 | 5～10年一遇 | 3～5年一遇 |

## 三、堤身或围堰顶部高程

堤身或围堰顶部高程，应按照度汛防洪（潮）标准的潮水位加安全超高确定。安全超高按表 3-2 规定采用。堤身或围堰顶部高程达不到表 3-2 规定的值时，海堤堤身应采取保护措施。

围堰堰身可采用模袋灌（泥）砂、吹填海砂、土石混合料等填筑。堰身应满足防渗及稳定要求。基坑抽水时应控制抽水速率、监测堰身及基坑变形。

表 3-2　　施工度汛安全超高值

| 海堤工程级别 | | 1 | 2 | 3 | 4 | 5 |
|---|---|---|---|---|---|---|
| 安全加高/m | 海堤 | 1.0 | 0.8 | 0.7 | 0.6 | 0.5 |
| | 围堰 | 0.7 | 0.7 | 0.5 | 0.5 | 0.5 |

在已有海堤上破口施工，应采取适当的措施保证不降低原海堤的防洪（潮）标准。

## 四、施工度汛主要措施

1. 工期保证措施

为了能更好地进行安全度汛和防洪，在计划上要严格按控制性施工进度计划进行执行，达到工程节点工期的实现。在不同时期对不同部位投入足够的技术人员和机械力量。

2. 组织保证措施

成立以项目经理为组长的防洪度汛领导小组，分析施工期可能发生的各种问题，针对性地制定防洪度汛责任措施，一旦出现洪水，项目部人员有条不紊进行抢险，并保持对外联络。

（1）施工期应与气象、水文单位密切联系，及时做好洪水预报。

（2）洪水来临时，安排专职人员 24 小时巡逻值班，随时报告水位、流量情况。

（3）根据气象、降雨量预报分析，提前撤退基坑内的机械设备。

3. 技术保证措施

海堤工程施工期的度汛，应根据设计要求和工程需要，编制施工度汛方案，并报有关单位批准后实施。

施工进场后立即集中进行水下部分的施工，要组织技术力量进行重点施工，投入足够的机械设备，并严格按预定的施工方案进行。

4. 物资保证措施

在汛期来临前要准备好以下各种防洪度汛材料及设备：

（1）汛期前储备足够的碎石、砂、编织袋、土工布等防洪材料。

（2）配备足够的大功率抽水机和小抽水泵，并备好柴油发电机。

（3）对要投入抢险工作的运输车辆及相关机械进行全面维修保养，保证设备处于良好的运行状态。

## 第四节　海堤堤基施工

### 一、堤基清理

堤基清理应注意以下几点：

（1）土工布铺设前，按要求清除海堤基础表层杂草、树根、渔网等障碍物。

（2）对水面以下不能出露的部位，先采用铁链或钢丝绳拖扫，以确定有无障碍物和障碍物位置。

（3）清除的各类杂物和障碍物应及时运出围区，不得随意堆弃在围区范围内。

### 二、土工布铺设

土工布铺设要点如下：

（1）涂面处于潮间带，退潮时基本可露滩，采用候潮人工铺设。

（2）土工布人工铺设应充分利用每月潮汐大小潮特点，大潮汛低铺，小潮汛高铺，增加月平均作业天数，加快施工进度。

（3）主要工艺流程如图3-3所示。

（4）土工布的拼接采用“丁缝”拼接。首先将两块长均为6.0m的布铺开，在横边各折叠出20cm布宽。将这两层20cm布用手提缝纫机穿涤纶线缝合后，按照缝过的线痕折叠，再在10cm宽度处缝第二条线，缝制针距控制每10cm在13针左右。两块布缝接完成后，再依次拼缝上第三块布、第四块布、第五块布，最后形成一张29.2m宽的布幅。

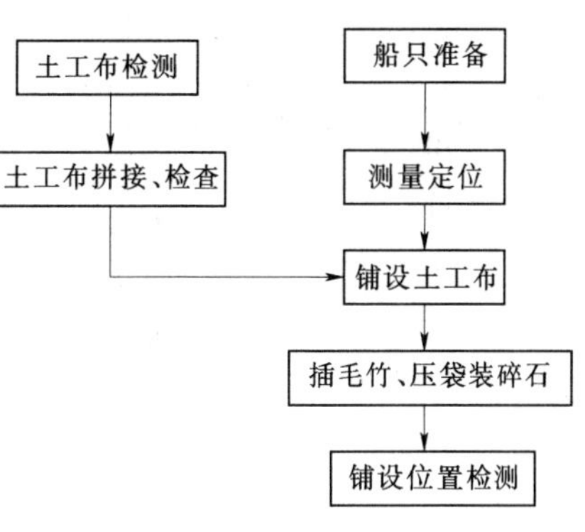

图3-3　土工布铺设工艺流程图

（5）土工布的铺设。由人工将土工布抬至水面，以内侧边线作为起始边，将土工布卷打开，摊开拉紧使土工布边线精确地对准铺设起始边线，将起始边土工布用毛竹签插入涂面固定，然后由人工将土工布从内侧向外沿着水流垂直堤轴线方向铺设，边铺布边用竹签固定。整张布按设计位置铺设完成后，再在土工布上补插竹签，并在插设的竹签和土工布上抛碎石包压重。毛竹签在土工布上插设间距为1.5～2.0m，每根毛竹签顶部均应压设碎石包。插设毛竹签和抛碎石包时，可同时进行下一块布的铺设。铺设的土工布在潮水完全退去后会紧贴涂面。铺设要求拉紧平整，避免扭曲和皱折，土工布径向应垂直堤轴线方向，且不允许搭接。大幅土工布之间采用搭接，搭接宽度不小于50cm（图3-4）。

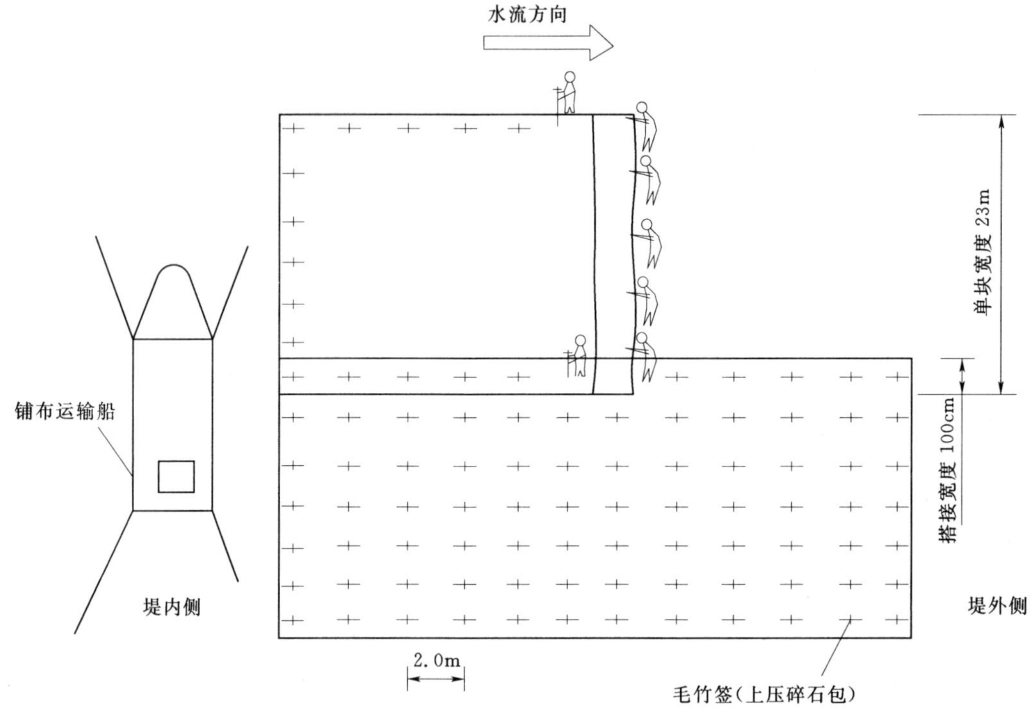


图 3-4　人工铺设土工布示意图

(6) 对于海涂面在水面以下，退潮时不露滩的，可采用专用船只进行土工布铺设。水下土工布船只铺设工艺流程如图 3-5 所示。

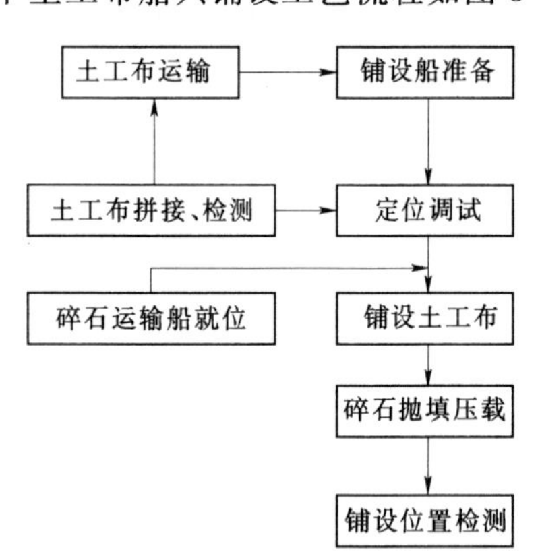


图 3-5　水下土工布船只铺设工艺流程图

(7) 土工布船只铺放前的准备工作。

1) 建立 GPS 差分基准站，按每块土工布铺设宽度及铺设张数等数据输入土工布铺设船 GPS 移动站，标明逐块铺放位置并作为铺设土工布的定位依据。

2) 土工布提前送到铺设船上，将土工布卷到的滚筒（轴）上。

3) 土工布铺设船抛锚定位，锚位按铺设 4 张抛放。

4) 在土工布铺设船上松开土工布卷的起始边，在起始边的吊环上结好绳索，联结在船上准备好的 4 只小锚上。

5) 铺设船绞锚定位至抛放起始边的位置，定位后等待抛放时间的到来。

6) 碎石运输船及时依铺设船停靠就位。

水下土工布船只铺设如图 3-6 所示。

(8) 在潮位基本平潮时开始铺放。此时水流较缓，对铺设极为有利。

1) 在铺设船上用吊机将整筒土工布从吊臂上垂直下沉，直至涂面上。用卷扬机将滚

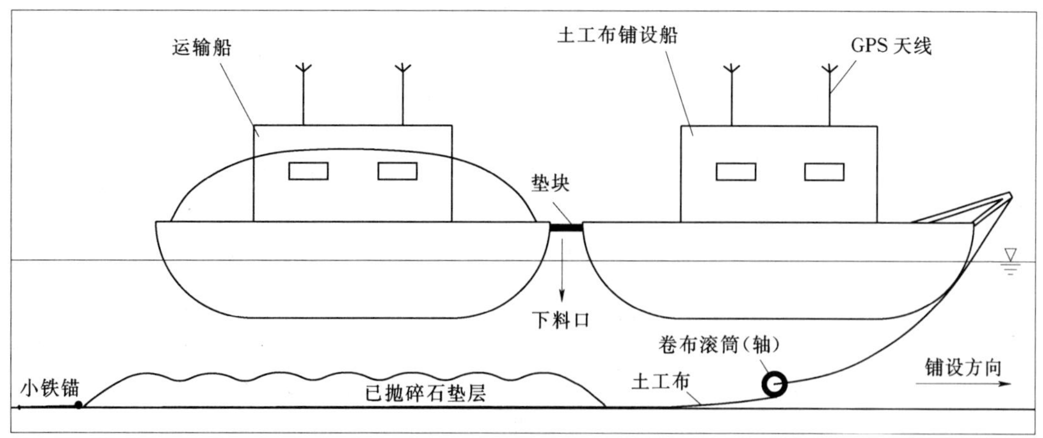


图 3-6 水下土工布船只铺设示意图

筒吊索拉紧，以利碎石抛压。

2）在离土工布起始边 10m 左右处抛下地锚，移动船舶并收紧绳索固定起始边。

3）有两根船上的钢丝绳通过两边滑轮分别吊在土工布筒的滚轴上，铺设船垂直于坝轴线方向徐徐后退。随着钢丝绳牵引，滚筒上土工布逐步展开。

4）土工布一边展开 1m 后，采用运输船上已准备好的挖掘机从下料口进行碎石垫层压载抛填，纵向每展开 2m 暂停一次抛下碎石垫层一排，计算出每张土工布的碎石垫层工程量，一次性抛填到位，分排定位抛填后碎石垫层形成波浪状，基本满足设计要求。

5）铺设船在土工布全部展开完毕后吊起滚轴，移船至下一位置。

6）水上船只铺设 TG200/PP 土工格栅及 160kN/m 有纺土工布时除了压载物从排水碎石改为抛石统料以外，其他工作基本相同。

(9）土工布铺设质量控制。

土工布铺设应符合以下质量要求：

1）土工布材料质量应符合设计要求。

2）土工布在运输、储藏过程中及铺设施工中应避免强力牵引和烈日暴晒。

3）铺设前应清理涂面海草等杂物，填平沟地，削平土堆。土工布的铺设必须平顺，不能有隆起现象。土工布铺设完成后，其保护层施工应尽快跟进，施工中若发现有破损或孔洞，应及时用相同材料修补。

4）铺设应平整，略有松弛，但不出现扭曲和折叠，径向不搭接。对铺设过程中有损坏处，应修补或更换。

5）非受力向搭接铺设，缝合宽度 20cm，土工格栅扣接宽度不小于 10cm。相邻土工铺设块搭接宽度，水下施工不小于 100cm，陆上施工不小于 50cm。

6）铺设完成后，经监理检验合格，及时填筑碎石。

## 三、碎石垫层施工

海堤 80cm 厚碎石垫层直接铺设在基底土工布上，主要为排水板施工提供生产和施工条件，碎石排水垫层设计宽度略大于排水板处理宽度。

1. 碎石垫层施工流程

排水碎石垫层施工流程如图 3-7 所示。

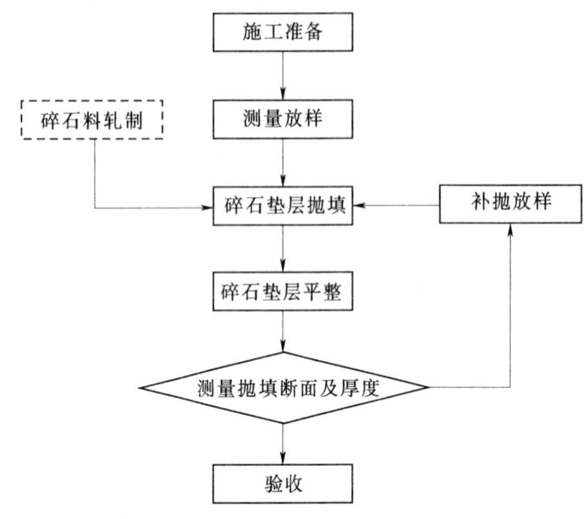


图 3-7 排水碎石垫层施工流程图

2. 材料质量要求

碎石要求采用新鲜坚硬的岩石轧制，岩石饱和抗压强度不小于 60MPa，软化系数不小于 0.8，碎石最大粒径不大于 12cm，且 2～10cm 的粒径碎石含量应大于 80%，含泥量小于 5%。

3. 碎石垫层施工方法

（1）抛投试验。根据甲板驳船装料方量，计算出符合设计要求厚度的抛投长度和宽度，然后进行试抛。退潮后检查抛投质量，确定潮水对抛投的影响以及船只在抛投过程中的移动范围、移动速度等施工参数。

（2）施工段划分。首先完成垫层施工区域内的施工段划分，以控制投抛位置和抛投方量。施工段划分以轴线为基础，从施工起始桩号到结束桩号，施工段沿轴线的长度根据甲板驳船装料方量和断面排水垫层宽度计算而定，使一个施工段内的设计方量与甲板驳船的装料方量相符。

（3）装量控制。为方便抛投量的控制，碎石运输甲板驳船吨位应固定，并保证每船装量不变，以便控制投抛位置和抛投方量。

（4）对开驳船定位。首先在对开驳船上安装好 GPS 定位设备，在定位船船首和船尾分别设一台 GIB 系统天线，同时在计算机上输入施工区域位置，与 GPS 岸台相配合即可找到任何抛投点的位置，再在施工位置上进行单段投抛位置确定。

（5）抛投施工。碎石运至现场，应候潮施工，抛投时间应选择在平潮将要退潮前 30min 进行。

通过 GPS 定位仪找到抛投区段的位置，在船尾抛单锚，船只驻位应顶潮垂直堤轴线，然后缓缓行至抛投区段内，从堤内侧往外侧抛投（图 3-8）。利用甲板驳船上自配的 ZL50 装载机单边铲碎石入水，通过收紧船尾的锚绳，边抛边退，并保持船只处于运转状态，以调整船只左右方位，控制船只抛投位置始终在划定的施工段内。

（6）漂移量调整。由于潮流、潮向的影响，投抛碎石时应考虑有一定的漂移量，根据测定结果进行调整。

（7）碎石平整。由于工程碎石运输船采用大吨位的甲板驳船运输，利用甲板驳船上自配的 ZL50 装载机单边铲碎石入水，碎石易成堆，排水垫层的平整度难以满足设计要求。为确保排水垫层的施工质量，工作面低潮露滩时由反铲挖机和 120 推土机带路基箱下至碎石垫层上进行平整，去高补低，不够的插设标杆，涨潮后补抛，直至满足设计要求。

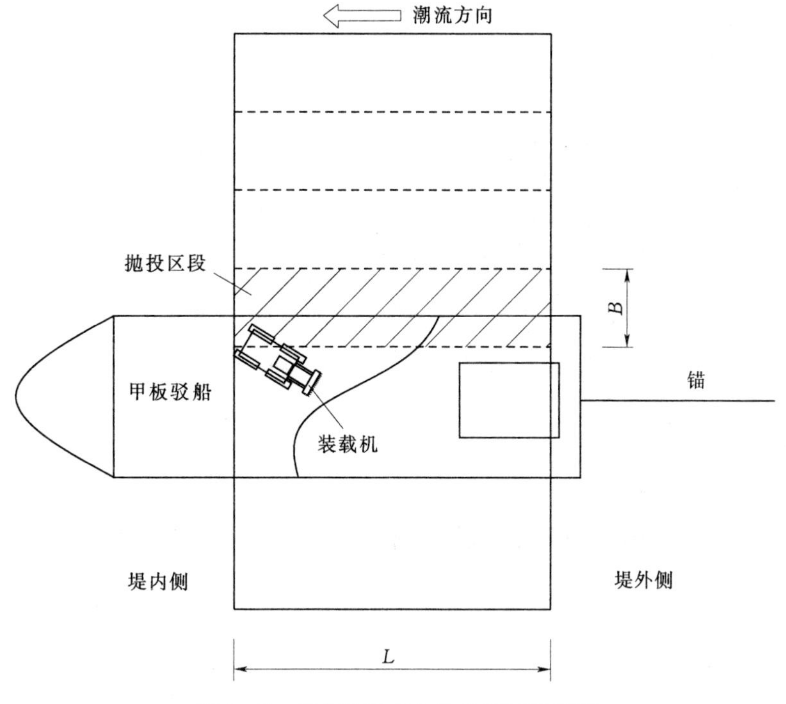


图 3－8　排水碎石水上抛投施工示意图

(8) 厚度控制。厚度控制是碎石垫层施工的难点，少投则达不到设计要求，多抛则增加施工成本。碎石垫层厚度控制主要通过在垫层施工区域内划分施工段。施工段沿轴线的长度根据甲板驳船装料方量和排水垫层宽度和厚度计算而定，使一个施工段内的设计方量与甲板驳船的装料方量相符，通过控制抛投方量达到控制厚度的目的。

4. 陆上抛填施工

(1) 施工方法。露滩部分的海堤在低潮期间利用 5t 自卸汽车进占法抛填，并由人工或推土机进行适当整平，保证顶面基本平整，抛筑速度尽量加快。为了方便塑料排水板插设施工，碎石垫层必须超前抛石料 30～50m 施工。碎石垫层施工时由于自卸车无法在碎石垫层上直接行车，碎石垫层石料运输困难，因此根据图纸断面结构计划，在垫层碎石料铺筑前先修筑一条超前的施工便道，以用于碎石料运输。

(2) 厚度控制。陆上抛填厚度由于处于陆上，厚度控制较简单，每隔 50m 划分施工段，根据垫层厚度和宽度，计算施工段内所需的碎石料进行总量控制。

运输道路设置如图 3－9 所示。

5. 质量控制措施

(1) 严格控制原材料的质量，对不符合设计要求的材料不得使用。

(2) 加强抛填区的测量工作，对未达到设计要求的区段进行补抛复测，直至达到要求。

(3) 总结海上抛填的施工经验，抛填时采用船只行驶顶流、偏角的方法，以达到抛填料抛填均匀。

(4) 碎石铺设范围应大于地基处理范围 50cm。碎石垫层厚度不允许小于设计厚度。碎石铺设时不得损坏土工布。

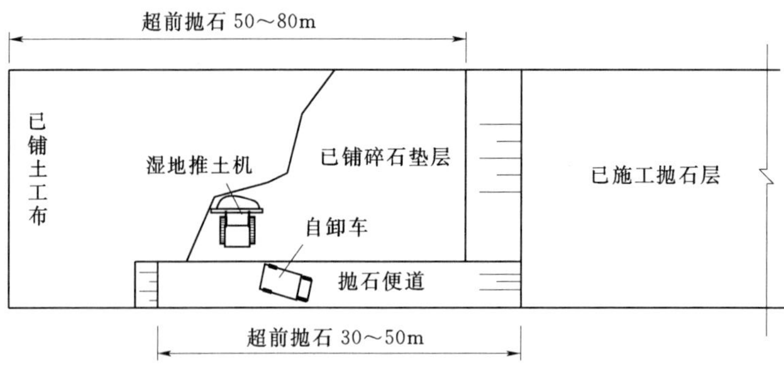


图 3-9 陆上抛填施工运输道路设置图

## 四、塑料排水板施工

1. 插板船水上插设排水板施工机械选用

水上插打施工机械采用塑料排水板插板船进行施工（图 3-10）。船上设置 GPS 全球

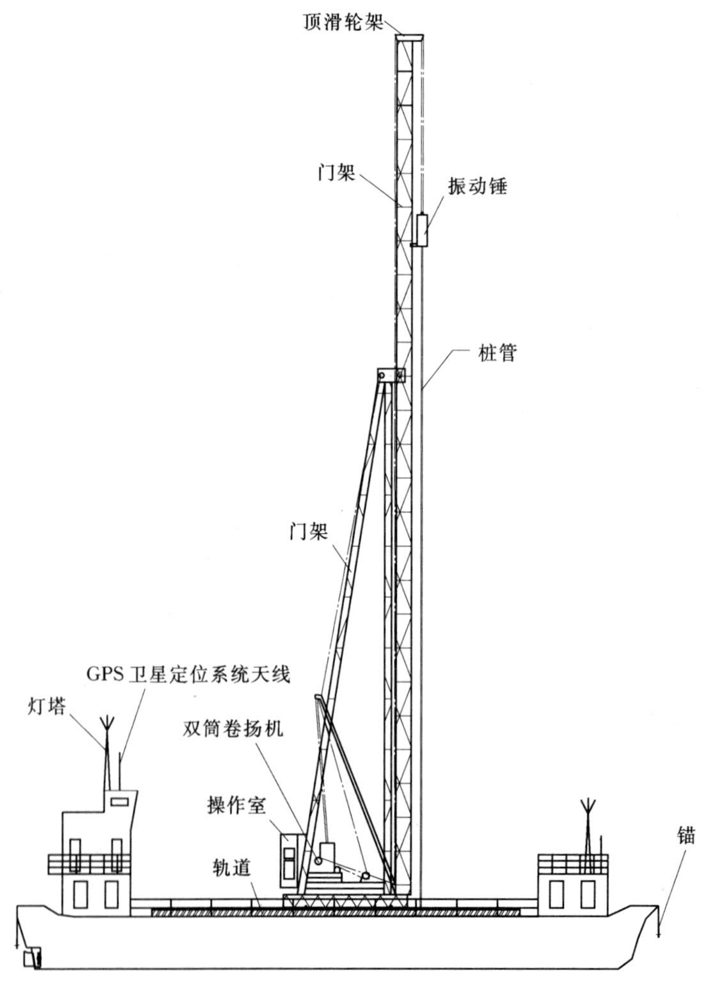


图 3-10 插板船示意图

卫星定位系统、自动记录仪、超声波水深检测仪、一套软轴锯片法的手动剪带系统和一套水下自动剪带系统，利用绞锚机进行船体定位、移位。具有自供电、自动记录、自动测水深等特点。

2. 排水板水上插打工艺流程图

排水板水上插打工艺流程如图 3－11 所示。

3. 水上插打主要施工工艺

（1）插设作业船的定位。采用 GPS 全球卫星定位系统，通过船头、船尾各抛两台八字锚，抛锚系缆应根据施工区域的风浪、水流条件合理进行调整，锚缆长度为 200m。

（2）排水板桩位定位。将插板船双体船作业区根据排水板的间距进行排水板桩位划分，在平台走轨上标出平台插板桩位置，并标在平台四周及横梁上，桩机必须以此移动准确定位。

（3）调整剪板机高度。剪板机的高度将决定排水板的留带长度，必须根据不同的潮位和涂面高程对剪板机的高度经常予以调整，在施工过程中随潮位和涂面高程的变化，对剪板机的高度适时进行调整，以此控制留带长度。

（4）插设。排水板插设通过振动锤振动沉管插入基础土中，达到预定高程。沉管桩尖设有装靴，装靴为回位并可重复使用机械装置，当塑料排水板剪断以后，它能立即将带头压住并关闭带头保护装置，当塑料排水板插至标准高程后上拔时，该装置自动打开保护门，此时带头在泥阻作用下留在泥涂中，完成一个插设循环。

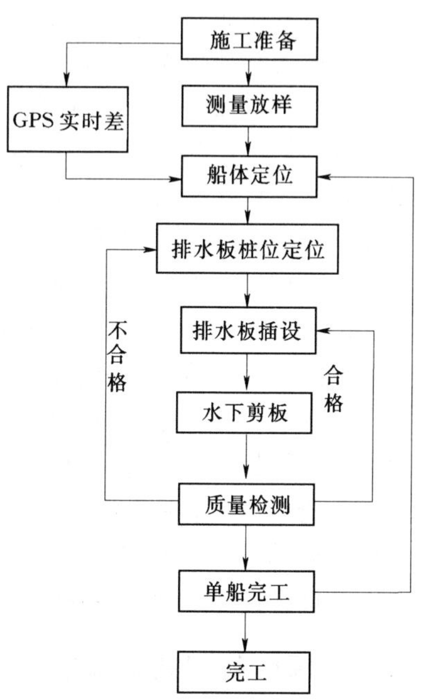


图 3－11　排水板水上插打工艺流程图

（5）剪板。一般采用人工水下割带方式，但也可采用水下导向架底端配置液压剪刀，在水下完成自动剪板。

4. 陆上塑料排水板插设

（1）施工机械选用。陆上排水板插设采用轨道门架式塑料排水板打桩机，轨道门架式桩机配置一台激振力为 32t 的 DZ－40Y 振动锤，整机重约 20t，接地面积约 8.0m$^2$，接地压力为 2.3kPa。机上配备自动记录仪。

（2）塑料排水板插设施工工艺流程。塑料排水板插设施工工艺流程如图 3－12 所示。

图 3－12　塑料排水板插设施工工艺流程图

（3）施工方法。施工前根据塑料排水板施工区平面布置和潮位合理地确定插板机的作业路径。

在正式打桩前，应用2台经纬仪对打桩机进行垂直度调正，使桩管垂直。插桩后，应调正桩帽、桩管，使之与打入方向成一直线。

在开始沉管作业时，应先进行缓慢的间断试沉，在桩进入地层一定深度时，方可连续正常施打。施工中，要求采用定载振动压入，不允许重锤夯击。

沉桩过程中做好沉桩施工记录，达到设计要求后剪断，然后移桩机至新桩位。

由于本工程插板需候潮作业，为了减少桩机进出场的时间，加快施工进度，需对桩机结构做一定的改进。主要改进措施为将桩机的电机改为可升降式，在正常施工时可使电机位于桩架的底部，高潮停工时电机可提升到一定高度，以高于最高潮的水位。另外在桩架底盘、桩架增设几个锚固点，以保证桩机在涨潮期间的牢固。

5. 排水板施工质量保证技术措施

（1）进场排水板需有出厂合格证，材料性能指标满足设计及规范要求。同批次排水板每20万m抽检一次；塑料排水板保存环境要求干燥、通风，避免强力牵引和烈日曝晒，使用前应进行全面检查，破损、断带的产品不得使用。

（2）按设计要求控制塑料排水板打设标高，排水板顶端高出碎石垫层不小于20cm；打设时，回带长度不得超过500mm，且回带的根数不超过总根数的5%。

（3）塑料排水板平面位置检查10%，±100mm；外露长度逐件检查不小于200mm和垂直度检查10%，±1.5%。

（4）打设过程中应逐根做好施工记录。

## 五、爆炸处理软基施工

1. 爆破挤淤施工原理

在抛石体外缘一定距离和深度的淤泥质软基中埋放药包群，起爆瞬间在淤泥中形成空腔，抛石体随即坍塌充填空腔，经多次爆破推进，最终达到置换淤泥的目的。

根据近几年来的理论探讨和工程实践，处理深度在多处已突破20m，最深已超过30m，可以认为20m厚的淤泥处理在理论上和实践上已趋成熟，特别是对爆破挤淤法的基本原理有了新的认识。在深厚淤泥的处理中，淤泥中爆炸空腔很难达到底部，因此做不到在瞬间完成全部置换的目的，需要经过多次振动才能达到全部置换的要求；当石料抛在软土地基上，地基中产生的附加应力超过土的剪切强度时，土体将产生破坏；在石料自重作用下，上部载荷超过基础承载力时，淤泥被挤出，抛填体下沉。炸药爆炸的作用表现为5个方面：

（1）爆炸排淤。爆炸产生的高温、高压，使土体破坏并被抛掷出去，在药包附近形成爆坑，达到排淤的目的。

（2）爆振下沉。爆炸产生地基振动，由于抛石体容重大于其周围的水和泥，在振动时产生的附加动应力使抛石体下土体破坏挤出，抛石体下沉。

（3）爆炸使抛石体密实。经多次爆炸振动，堤身达到密度效果，可减少在使用期的自身压缩量，并提高抗冲刷能力。

（4）爆炸使淤泥弱化。施工过程中，多次爆炸作用，石料抛填之前，需要挤除的淤泥

已受多次振动，强度弱化，有利于抛石体下沉。

（5）爆炸加速固结。爆炸产生的冲击及附加动载，有利于抛石体下持力层加速固结，减少工后沉降量。

2. 施工流程

根据设计断面形状，在爆炸处理软基施工时，抛填采用“堤身先宽后窄”的方法，爆炸处理时堤头爆填与侧爆填同时进行，使得爆后水下平台宽度一次到位，而爆后补抛时堤身缩窄以控制方量，尽量减少理坡工作量。具体施工流程如下：

（1）根据施工图放样，设立抛填标志。

（2）严格按批准的施工组织设计确定的抛填宽度和高度进行堤身抛填，严格控制抛填进尺。

（3）抛填进尺达到设计值后，在堤头前面和两侧布药爆炸，施工时，严格按照批准的施工组织设计的爆炸参数制作药包和装药。

（4）爆后补抛并继续向前推进，当进尺达到设计进尺后，再次布药爆炸，这样“抛填→爆炸→抛填”循环进行，直到达到设计堤长。

（5）施工检测，在每次爆破前后，都进行堤身上部形状测量和统计抛填量，采用爆破沉降累计法和体积平衡法等进行分析，发现与设计有偏差时，及时调整抛填和爆破参数。如局部地区未达到设计要求可进行第二次侧爆。

根据设计要求，部分或全部爆破完成后，利用钻孔和物探法进行检测验收，并做好施工期和竣工后的沉降观测工作。

爆炸挤淤施工流程如图 3-13 所示。

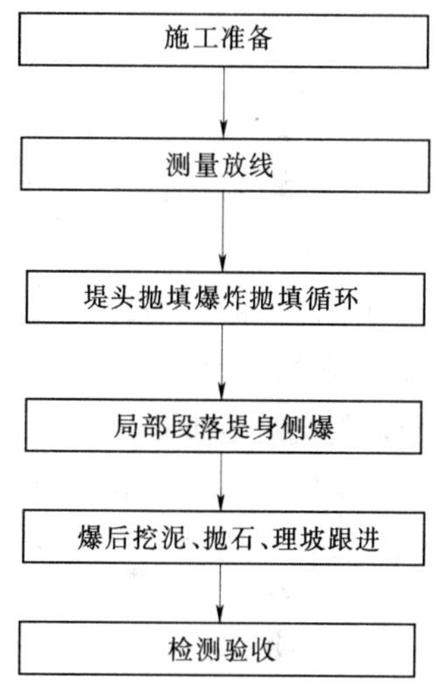


图 3-13　爆炸挤淤施工流程图

3. 施工方法

（1）装药机具的选择。爆炸挤淤要求将炸药置放到设计要求的位置，如淤泥中一定深度或在有覆盖水时淤泥表面上。常规装药方式有四种：

1）履带式直插装药器：采用挖掘机改装。特点是陆上装药，不受风浪影响；快速，堤头爆破一次循环作业时间约 1～1.5h。适用于 4～20m 厚度淤泥。

2）振冲式装药设备：起重机配合装药器，特点是陆上装药，不受风浪影响；堤头爆破一次循环作业时间约 1.5～3h。适用于 10～40m 厚度淤泥。

3）吊架式装药器：起重机配合装药吊架。特点是陆上装药，不受风浪影响；堤头爆破一次循环作业时间约 1h；适用于有覆盖水深，5～10m 淤泥深度。

4）船式装药设备：将装药设备置于船上。特点是水上装药，受风浪影响；作业时间较长。适用于 4～20m 淤泥深度。

（2）起爆网路设计。首先用导爆索加工成起爆体放入药包中，然后将药包埋入泥中一定深度处，同时将导爆索引出水面，并与主导爆索相连，主导爆索可用单股或双股，最后用电雷管（或非电雷管）起爆。起爆网络如图 3-14 所示。

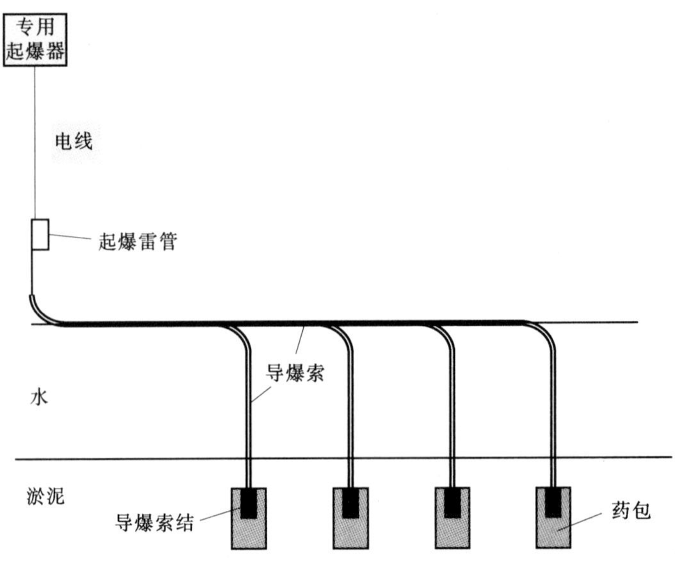


图 3-14　起爆网络示意图

1）爆破器材的选择。选取的炸药为防水乳化炸药，用导爆索传爆，起爆雷管为电雷管（或非电雷管），如需要分段起爆时，段与段之间加高段位使用非电雷管。在风浪较大的情况下作业时，为防止因导爆索在水下打结，造成拒爆现象，可采用导爆管传爆方式。

2）爆破器材的使用。工程使用 200mm 直径的乳化炸药（药室内径 230mm），首先将炸药切割成规定重量的药包，装入编织袋中；根据装药深度和水位情况，将导爆索切割成一定长度的段落，个数与药包个数相同，切割导爆索时必须用锋利的刀片切割，不得用剪刀或其他钝器切割；导爆索一头做成起爆体，具体做法为将导爆索折成 4 股，长度 12～15cm，用防水电工胶布绑紧，切割过的导爆索头部为防止水渗入，也需要用胶布缠紧；将做好的导爆索起爆体插入药包中，将编织袋口用绳捆紧，同时在药包中部捆绑 1～2 道腰绳。

用导爆管传爆时，选取 20m 脚线的导爆管雷管，每个药包插入 2 发雷管。

将药包埋入泥中一定深度后，将导爆索引出水面，并与主导爆索相连，主导爆索与支导爆索搭接长度不得小于 30cm，支导爆索与主导爆索传爆方向夹角不得大于 90°，主导爆索可用单股或双股，药包串联后，将主导爆索拉上堤头（图 3-15）。

用导爆管传爆时，将导爆管引出水面，并与主导爆索相连，导爆管与主导爆索连接时采用水手搭接法，需垂直主导爆索，主导爆索可用单股或双股，药包串联后，将主导爆索拉上堤头。

拉上堤头的主导爆索端部，做出爆头，将其折成 4 股，长度 20cm，将起爆雷管放在中间，用胶布缠紧，电雷管的聚能穴应朝向导爆索传爆方向，起爆电线与雷管脚线相连，将起爆电线拉至起爆站（在此过程中，电线一段必须短路，并由专人看管）。

在需要分段起爆时，段与段之间加接 2 发高段位非电雷管，每段内部药包仍然采用导爆索串联方式连接，将分段雷管接到后一段主导爆索上，分段雷管的导爆管脚线连接到前一段的主导爆索上。

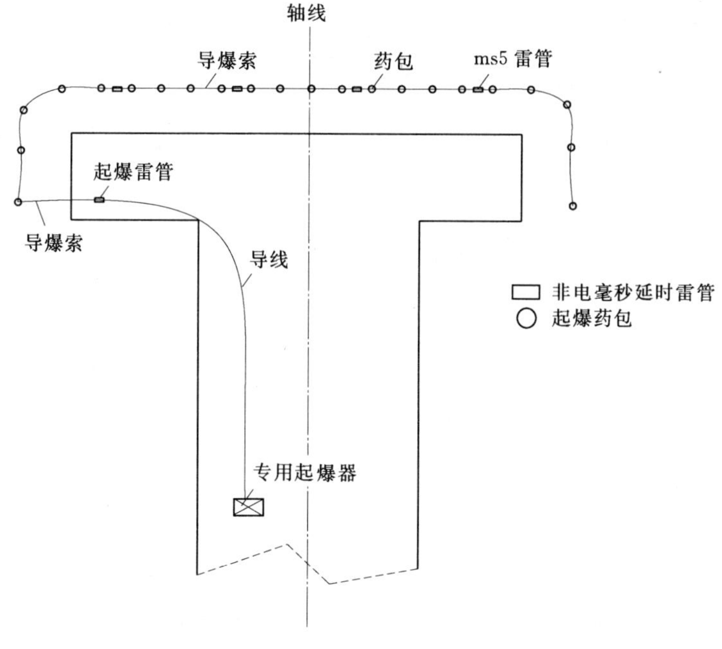


图 3-15 堤头布药示意图

# 第五节 海堤堤身填筑

## 一、堤身石方抛填施工

海堤工程堤身石方抛填分为船抛施工和陆抛施工两种。

1. 船抛施工

(1) 船抛施工施工流程如图 3-16 所示。

(2) 船抛施工方法。

1) 船抛石料从料场装甲板驳船运至抛填水域。抛填顺序横向应从两侧向中间方向进行，即先抛内外海侧护滩块石，再抛堤心，以防止地基加载出现塑性角挤出和涂面隆起。

2) 施工前将船抛施工区域划分网格，抛投区域现场采用专门定位船定位，定位船采用 GPS 定位，采用了 GPS 实时差分定位系统，在计算机上按设计坐标首先设定好所需抛投区域，根据定位船尺寸划分抛投网格，用 4 台锚机进行调节，使定位船与抛填图影吻合。

3) 甲板驳船开到抛投区域，由专门的定位船定位准确后，即可开始抛投，平板驳船跟随定位船移动一次船位距离：$\Delta B$，抛填方量 $V = L\Delta Bh$。定位船上停有反铲挖机，平板驳船甲板上也停有装载机，装载机只需将所需方量的石料沿船沿均匀地铲入水中或通过定位船上的反铲挖机耙入水中。一个船位方量石料抛投完成后，移动定位船至下个船位继续施工，直至甲板驳船上的石料抛投完。详细施工方法如图 3-17 所示。

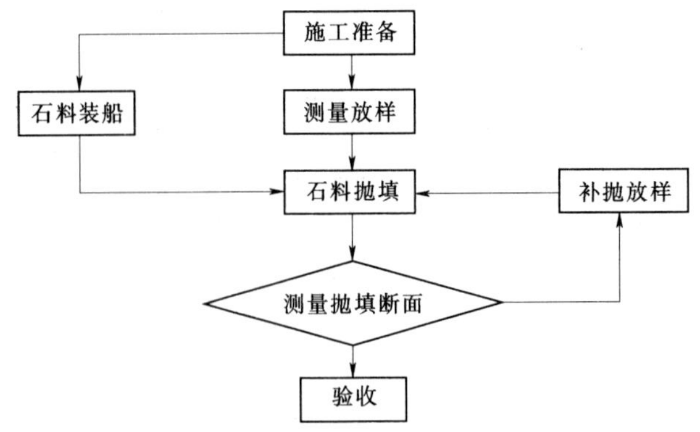


图 3-16　船抛施工施工流程图

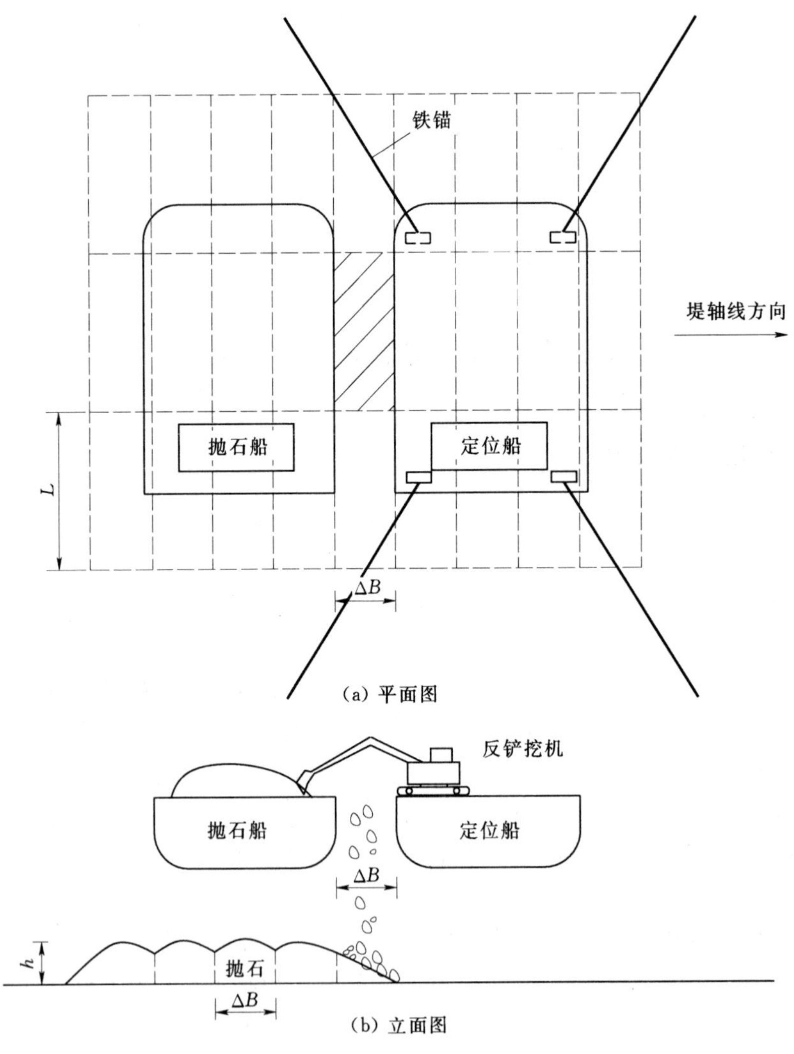


图 3-17　船抛施工详细施工方法

注：1. 定位船采用GPS定位，事先将船抛施工区域划分若干个 $L\Delta B$ 的网格，抛石船利用定位船；
2. 平面图中阴影区域为抛石船移动一个船次的抛填区域，抛填方量 $V=L\Delta Bh$。

4）船抛施工抛石抛至一定高程，涨潮时采用平板驳船运送反铲挖机至工作面，等退潮后挖机直接下至抛石面，按设计断面整平、修坡，局部不够的地方采用毛竹标杆插设标志，待涨潮后，用小型甲板驳船进行补抛；水下部分采用自然坡。

5）漂移量调整。由于潮流、潮向的影响，投抛砂包时势必有一定的漂移量，应根据测定结果进行调整。根据对涨退潮流态的实际测定。

冲距加装石船船头空白区距离为定位船的提前量，利用GPS精确定位，使甲板驳船抛投位置和砂袋入水后需抛投的位置相对应。

6）厚度控制。按照分层加载厚度要求，实际施工中要随时测定流速、流向、水深、波浪等影响因素，随时调整甲板驳船的石方的抛投量和抛投定位。根据施工经验，根据漂距计算和GPS定位是保证厚度的有效措施。

7）注意事项。在船抛施工过程中，石料供应和运输将很紧张，施工强度很高，来往船舶必然很多，施工干扰大，必须加强施工海域的航运管制，严格依照设计和规范要求，加强对抛投全过程的检测，对驳船定位、抛投量等主要环节进行现场监控，确保抛投准确、足量。

2. 陆抛施工

（1）陆抛施工方法。

1）陆抛采用立抛，立抛时采用分层水流阶梯式抛填，T160推土机或ZL50装载机配合推平，抛填层兼做施工路面，利用抛填车辆碾压密实。

2）根据实际使用的运输车辆型号及海堤施工中堤身断面的宽度情况，适当设置临时回车道，以利施工车辆运行，堤坝断面填筑到设计断面后用挖掘机整修边坡。

3）在块石抛填过程中按设计要求为面层抛理块石备料，用挖掘机边装车边选料，所选块石必须满足设计及规范要求，选出的块石备料集中堆放备用。

4）为适应海堤堤身的工后沉降，保证海堤的设计标高，抛石和镇压层石方施工时预留超高，保证竣工验收时预留超高量。

5）陆上抛填严格按加荷曲线分层填筑，施工时根据沉降观测情况对层厚进行调整。应加强现场沉降观测，发现异常立即停止施工，调整加荷量。

（2）陆抛施工转运平台设置。由于受施工船只吃水深度的限制，0.5m高程以上部位及非大潮位期间，采用陆上车抛，陆抛石料如不能从陆上运输，则需设置转运平台进行转运。

陆抛石料须通过海上转运平台二次转运时，石料转运点设置在海堤外海侧，为减少陆上运输距离，转运平台宜设置在使汽车运输距离控制在500m的范围内。平台上停放挖掘机、自卸汽车、装载机等挖装、推平设备，平台高程4.5m，在大潮汛平均高潮位以上，以避免被潮水淹没（图3-18）。

3. 抛填施工的加荷速率控制

加荷速率必须与地基的固结特性相适应，主要控制分级铺筑层的厚度、阶梯之间的距离、分层铺筑的起始时间和推进速度等。加荷曲线以高程控制，加荷厚度根据控制高程及前一级沉降情况确定，实际加荷过程根据现场施工情况和原位观测资料进行适当调整。

加荷速率应以地表日沉降量和边桩日水平位移值为主要控制参数，以地基孔隙水压力

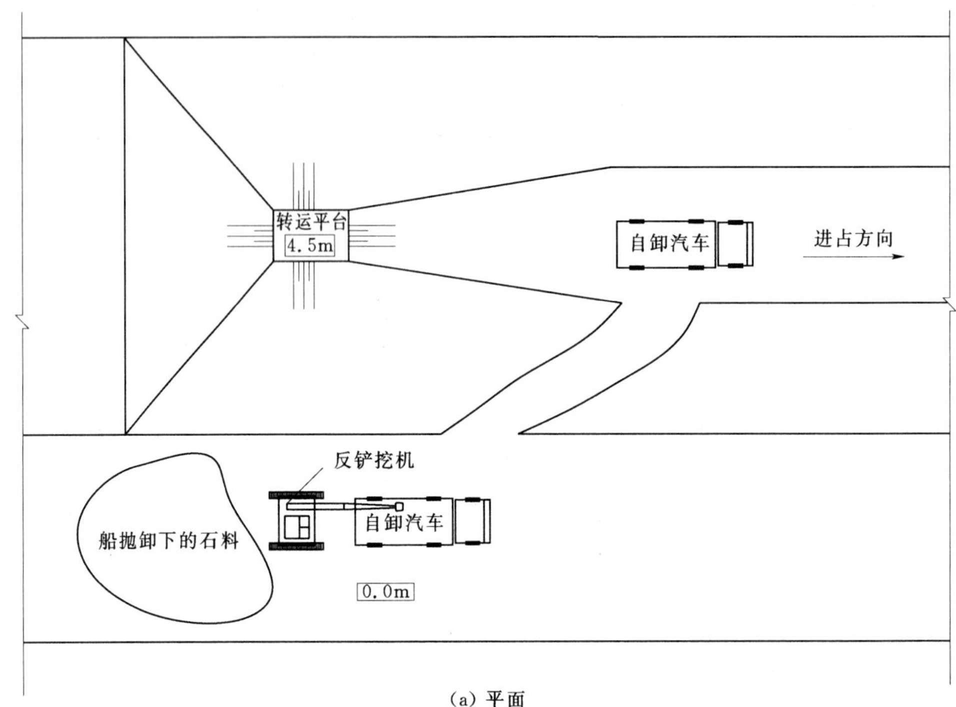


(a) 平面

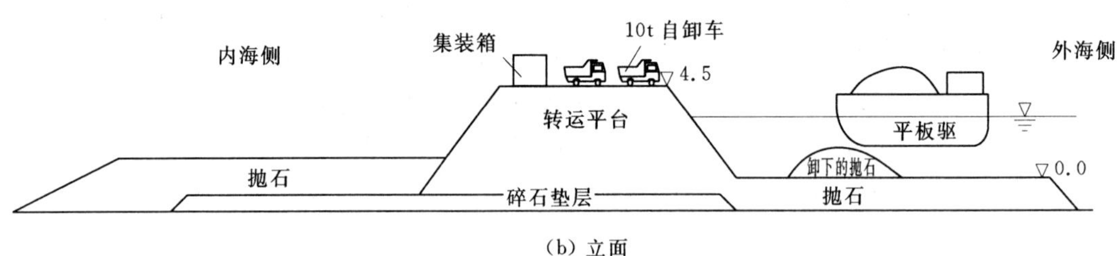


(b) 立面

图 3-18 陆抛转运平台示意图

为辅助控制参数。具体控制参数如下：

(1) 地表垂直沉降量。

1) 填筑顶高程 0.0m 以下，单天沉降速率不小于 30mm/d，应立即停止加荷；连续 5d 平均沉降速率不大于 15mm/d，允许加载。

2) 填筑顶高程 0.0～3.0m 之间，单天沉降速率不小于 25mm/d，应立即停止加荷；连续 5d 平均沉降速率不大于 10mm/d，允许加载。

3) 填筑顶高程 3.0m 以上，单天沉降速率不小于 20mm/d，应立即停止加荷；连续 5d 平均沉降速率不大于 5mm/d，允许加载。

(2) 水平位移控制值。插板处理区最大水平位移不大于 10mm/d；非处理区最大水平位移不大于 5mm/d。

(3) 超静孔隙水压力控制指标。超静孔隙水压力系数应控制在 0.6 以内，当超出时应停止加荷并进行分析。

（4）由于抛填区淤泥层含水量高，力学指标低，且厚度变化大，考虑到施工实际情况，并为更好地保证工程质量及施工进度，施工期间将对地基土进行沉降、孔隙水压力等方面的监测，施工加荷速率及加荷断面应按监测成果及时调整。

（5）当上述指标超出时，应及时通知设计、监理单位，根据各观测数据和施工实际综合判断，采取相应措施，保证工程的安全。

## 二、堤身闭气土施工

1. 闭气土方的选取

海堤堤身闭气土方多取自堤脚两侧100m以外的海涂泥，闭气土料中植物根茎等杂物必须清除，不使用含沙、石等杂物的海泥。采用浅挖广取，取土深度一般不超过2.5m，取土坑靠堤坝一侧的边坡坡度缓于1∶10。

2. 闭气土施工的基本原则

（1）先深后浅，先点后线，分层、分段、分区薄层轮加，均衡上升，严格按照设计确定的加荷程序和加荷曲线层次施工。

（2）土方施工保持与石坝平行，进度稍微滞后，高程略低。在总加荷分级的前提下，每级再按30～50cm左右厚度的薄层分层填筑，薄层填筑时间间隔以前一层可以上人为原则。

（3）平均高潮位以下采用抓斗挖泥船挖泥、液压对开驳运输抛填；平均高潮位以上桁架取土。

（4）平均潮位以下施工采用2.0$m^3$的挖泥船进行挖泥，200$m^3$的自航驳船装土料，自航抛投，采用分层加荷，逐步抬高。

1）挖泥、装船及运输。采用挖泥船挖土料；由挖泥船的抓斗直接装入自航驳船内，装船时把土方均布在驳子中，不可单向装料或间隔装料，更不能超容量装料。

2）土方抛投。自航驳船开到抛投现场，即可进行抛投施工，为了保证土方抛投到位，必须进行测量控制，定位船抛；土方抛填后，再进行测量检查，分析抛后是否达到预计的目标之后，用小方量驳子进行局部补足，最终达到设计要求。

（5）平均潮位以上土方施工。

1）闭气土方用土取自围区内外指定范围的涂泥，表层浮泥不得采用。取土内侧采用桁架式筑堤机在堤脚100m外范围内取土直接上堤填筑，填筑时将根据加荷曲线分层进行，按规定时间固结，但同一层土方应尽快填筑。

2）碎石垫层是保证海堤工程质量和安全的重要环节。海堤抛石体与闭气土方间设置石渣垫层厚20cm、400g/$m^2$复合土工布一层。

3）土方闭气过程需按照加载曲线进行，按“薄层轮加，均衡上升”的原则分层梯级推进，保持与石坝平行，进度稍微滞后，高程略低。施工中要防止填筑面土体龟裂，当层面曝露时间过长时，应适当洒水湿润。

4）分段填筑时，段与段之间以斜坡相接，结合坡度不陡于1∶3。堤身闭气土方与石块、石渣不得混杂，以免留下渗流通道。

5）龙口合龙后，堵口段保护土方的块石应清除干净，防止形成局部渗流通道。

(6) 远距离取土施工。如工程取土距离远、可选用活塞式气力淤泥远距离输送泵输送至闭气土方填筑区进行填筑(图3-19)。

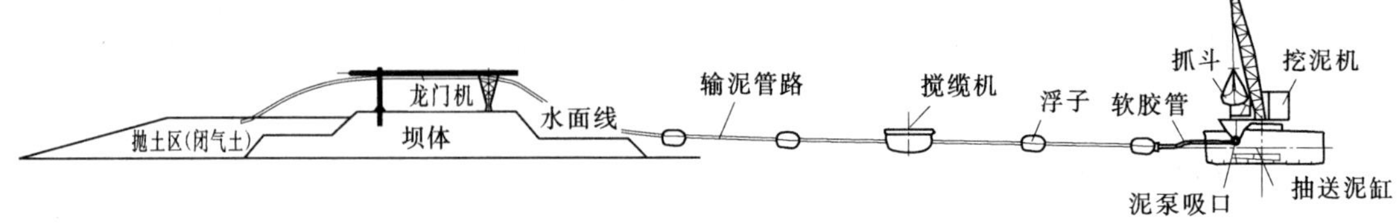


图3-19 活塞式淤泥输送泵施工工艺示意图

1) 将挖泥船抓斗移至取土施工区域。利用船上的定位锚机定好船位，连接好泥泵输送管路，采用圆形空心的泡沫浮子套在输送管路的外面，使整根输送管路浮在水面上，便于整体移位和检修，在管路的出口处20m左右的地方设置小型划拖式工作平台，其上搁置有移动锚机和布料操作系统，工人可在其上直接操作布料厚度和前后的卸料位置。

2) 当一个断面施工完成后，同时启动抓斗船，划拖工作平台上的锚机向施工顺序方向移动一个施工船位，这样周而复始，完成第一层施工后，回到原先开始处进行第二层施工，直至完成全部任务。

## 第六节 龙口堵口施工

选择在合适的时期内，集中力量在龙口段将截流堤筑出水面，封堵口门，隔断内外海域，此项工作称为堵口或合龙。

### 一、堵口时间的选择

堵口时间选择合适与否，是影响堵口工程能否顺利完成的一个重要因素。我国的经验是，选择时应着重考虑以下两方面的问题。

1. 合宜的天气条件

堵口时间直接决定了堵口过程中将遇到的潮、风、水、气温等自然天气条件，而这些因素又直接决定了堵口的难易程度。很显然，堵口应避免恶劣天气条件，而选择在合宜的天气条件下进行。堵口应选在潮位低、潮差小、风浪小、天气暖和、内河流量小的时段进行，尽量避免在台风、大潮、多雨、严寒或酷暑时段内堵口。另外大多工程均选择在11月至次年5月的时段，而避开了7—10月的大潮、台风季节。

2. 与总工程进度相配合

堵口时间选择要考虑的第二方面是必须与整个海堤工程进度相配合。在堵口开始前，必须完成如下各项工作：非龙口段海堤已筑至预定高程能挡御大潮，或在大潮前有把握筑至该高程；龙口段基础处理和相应的防护工作均已完成；水闸已完建。而在堵口完成后又应有足够的时间加高培厚堵口段海堤，达到设计断面，能抵御大潮。

### 二、龙口封堵需遵守的原则

(1) 采用平堵、立堵结合的方式进行龙口合龙。

(2) 选择低潮位时段开始合龙，一气呵成。

(3) 龙口合龙期间进行工程监测，必要时进行数模计算，以计算结果指导施工。

(4) 抛石料和闭气土施工要及时跟上，确保合龙口堤身安全。

(5) 有关的机械设备布置安排就位，并进行检修，确保处于良好的技术状态。

(6) 龙口封堵前在龙口两端附近备足封堵用石料，石料中包括一定数量的大块石，必要时采用合金网石兜装石，以保证封堵成功。

### 三、龙口封堵施工方法

在以上堵口条件全部具备后，先平抛将龙口底槛高程抬高至1m高程，然后立堵缩窄口门至100m，最后利用一次小潮汛将龙口合龙。合龙时，采用10～15t自卸汽车运大块石，大型推土机推平，龙口两侧同时进占，相向立堵。龙口合龙后，镇压层全部做足，随后继续加高石坝和闭气土方，完成堵口施工。

### 四、龙口截流方式

龙口截流采用小断面截流，截流堤顶宽8m，顶高程4.2m，两侧边坡为1：1.5，用大于100kg的块石立堵。

### 五、坝体拼宽和加固

堵口截流以后，紧接着进行坝体拼宽和加固工作。龙口初步合龙后即该开始截流堤两侧镇压层和闭气土方施工，将堤身拼宽、加高，在两侧镇压安全稳定的前提下，将堤身加宽、加高至5m高程，这时堵口合龙才算基本完成。

按设计间歇后，再逐步加高堤身至设计堤顶高程。

### 六、应急措施

(1) 事先备好用于龙口最后50m堵口的能抵抗高流速的大块石（单重不小于200kg）。

(2) 为了迎接合龙施工，在人员和设备上组织多套后备人马，以确保夺取堵口施工的胜利。

(3) 加强龙口施工期间的冲刷和沉降观测，发现冲刷严重时及时采取措施保护；沉降异常时，及时分析原因，防止坝体整体失稳破坏。

(4) 石方堵口至4.5m高程后而又未加高前，如遭遇寒潮，潮水位可能高于石方顶高程时，则填筑小子堤防止潮水溢顶。

(5) 龙口进占时，堤头可能遭遇高潮位冲刷，适当做成流线型，并用大块石保护。

## 第七节 海堤护面结构施工

1. 海堤迎潮面护面结构

(1) 海堤迎潮面护面结构自下而上一般有大块石护底、块石理砌、浆砌块石护面、细石混凝土灌砌块石护面、预制混凝土块体等。

（2）浆砌块石、灌砌块石护面、混凝土底板、干砌块石棱体均在堤身抛石全部完成并且连续3d内日沉降满足设计要求后进行施工。

2. 大块石护脚

大块石护脚采用平板驳船载反铲候潮船抛，通过停在甲板驳船上的挖机将规格石料从甲板铲入抛填区域，自下而上施工，待抛理面出水后用挖机候潮陆上理坡。

3. 理砌块石护面

理砌块石护面，石料从料场或备料场中捡取，块石单重大于300kg，石质要求新鲜完整。根据堤身的纵向分段长度，由下至上进行规格石抛理。为避免风浪损失，规格石抛理时应全断面及时跟进。

4. 灌砌石护面

（1）砌筑前，块石由汽车运至施工现场堆放，人工抬运至砌筑点，块石料表面必须清理干净，无泥垢、青苔、油质，软弱边尖角必须敲除，表面保持湿润。

（2）块石摆砌。砌筑前，底层先采用统料中的细料（粒径不大于20cm）

铺设10～20cm，振捣密实；块石立放，大头朝下，块石间竖缝宽8～10cm，错缝搭接无通缝。块石间空隙用细石混凝土填灌，并用直径3～5cm振捣器振捣至泛浆止。如此逐层砌筑。

（3）浇灌混凝土。混凝土由拌和站拌制，由工程车或混凝土搅拌运输车运至施工点附近，再由溜槽转运至工作仓面或直接人工铁锹抛灌，振捣器振捣。混凝土一次填入高度不应超过40cm，填灌均匀。混凝土采用插入振捣器进行振捣，振捣时分层进行，并有次序，避免漏振。

5. 混凝土护面及格梁

（1）混凝土护面及格梁待堤坝达到设计高度且地基沉降趋于稳定后进行施工。

（2）混凝土格梁需候潮浇筑。模板主要采用钢模板，边角位置辅以木模，混凝土由拌和站拌制，混凝土搅拌车运至浇筑点，人工分料入仓，插入式振捣器振捣密实，采用人工抹面。

（3）混凝土护面也可采用无轨滑模施工，侧模板采用槽钢，施工时采用跳仓浇筑。

（4）混凝土浇筑完成后，采用湿麻袋进行覆盖养护，养护时间一般不少于14d。

（5）养护用水直接从铺设在堤顶水管中接取，养护水避免采用海水。

6. 人工块体预制及安装

（1）人工块体预制成型方式采用立式，制作方式采用地上式。块体预制用混凝土地坪做底模，侧模采用钢板加工成两片对称的定型钢模板，采用螺栓紧固成整体，从上口下灰浇注。

（2）异型块模板委托具有专业资质的厂家进行设计定制，模板的设计要求具有一定刚度，并且便于拆卸。采用特制的组合式钢模板，每套模具由几个定型钢模拼装而成。上模顶部不封口，作为混凝土灌入口。

（3）混凝土浇筑混凝土由布置在预制场的拌和站搅拌，装载机接料运到浇注的模板入灰口，人工分料入仓，振捣采用插入式振捣器振捣，特别应注意异型块边角，做到不漏振。预制混凝土块顶层混凝土应二次振捣及二次压光。

(4) 根据气温情况合理确定模板的拆除时间，由人工进行。拆下的模板及配件，应将表面的灰浆、污垢清除干净，并及时进行维修整理，增加模板的周转次数，提高浇筑质量。

(5) 预制块养护。浇筑完成后及时进行浇水养护，养护由专人负责，一般养护时间不少于14d。

(6) 在预制场附近设临时堆放场地，场地采用石渣铺填，要求平整坚实，块体堆放时不会引起混凝土块体的损坏。预制块叠放时，层与层之间设垫木，一般堆放不超过两层，堆放顺序应方便安装时吊运。

(7) 预制块预制完成，并且强度达到设计强度75%以上时才可起吊。构件不设吊耳，采用专用吊具。

(8) 预制块体应分段自下而上安放。预制块在堆放场由吊装平板汽车运至现场，由70t履带吊机停在堤顶上，一钩吊一块进行安放。

(9) 块体间互相靠紧使其稳固，不宜用片石进行支垫，其安放的数量与设计数量的偏差符合规范要求。

7. 混凝土预制排水沟及预制块护坡安装

预制排水沟及护坡预制块从附近预制场根据设计规格订购，或在预制场自行预制，15t自卸车运卸至坝面，采用人工自下而上安装。

## 第八节 海堤堤顶结构施工

### 一、钢筋混凝土防浪墙施工

(1) 混凝土防浪墙采用钢筋混凝土浇筑，按设计要求每隔8～10m设伸缩缝，缝宽2cm，衬浸沥青木板。

(2) 防浪墙顶面必须待混凝土收水后原浆抹平、压光。严禁加浆抹面，严禁用撒干水泥加快收水或者以此来增加表面光洁、平整度。

(3) 模板采用定型组合钢模立模，汽车吊配合立模。加强模板放样控制，严格控制模板的偏差。架立模板要牢固、可靠，相邻两块模板应紧凑，以防漏浆，模板之间采用对拉螺栓。

(4) 混凝土防浪墙施工时，可利用堤顶经压实的石渣垫层作为施工道路，用搅拌运输车运到浇筑点，经料槽送至面板浇筑仓面，由人工分料入仓。

(5) 混凝土分层铺浇，每层摊铺厚度不大于30cm，混凝土入仓后应及时振捣，一层混凝土未振捣完毕之前，不允许加入新的混凝土，以防欠振而留下空洞。

(6) 防浪墙混凝土浇筑完成后用潮湿麻袋包覆盖洒水养护不少于14d。

### 二、堤顶路面工程施工

(1) 堤顶路面工程包括混凝土面层、水泥碎石稳定层及石渣垫层。堤顶路面工程在围堤堤身全部完成并且连续3d内每天沉降达到设计要求后，进行施工。

（2）石渣垫层采用自然级配石渣，厚度满足设计要求，要求采用级配较好、耐风化、水稳定性好的粗粒料作为填料，填筑均匀、密实，要求堤身石渣填筑按设计要求分层填筑，碾压密实，标高和平整度满足要求。

（3）混凝土稳定层采用集中厂拌法制备，从拌和到碾压终了的延迟时间不应超过2h。碾压后，保湿养生至浇筑面层混凝土。稳定层经自卸汽车运料至现场，由推土机辅以人工进行摊铺，8～12t压路机碾压密实。

（4）待稳定层达到设计要求强度后，开始混凝土路面浇筑。海堤堤顶混凝土路面层用混凝土浇筑，每隔8m左右设一条伸缩缝，伸缩缝宽2cm，内嵌浸沥青木板。

（5）施工工序：混凝土制备及运送→摊铺与振捣→接缝施工→表面整修→养生与填缝。

（6）模板与已浇筑防浪墙、挡墙之间设塑料薄膜隔离或涂刷乳化沥青。

（7）混凝土摊铺、捣实、刮平作业完成后用真空吸水机表面脱水，混凝土抹光机提浆抹光，再用铝合金直尺刮平，而后用人工光面。

（8）混凝土养生期满后，应及时填缝。填缝前缝内必须清扫干净，并防止砂石等杂物掉入。灌注填缝料必须在缝槽干燥状态下进行。

# 第四章　海堤工程设计典型案例

本章通过列举一个典型海堤工程设计案例来重点介绍海堤工程设计及计算过程，以帮助读者加深对海堤工程设计与施工的理解和掌握。

## 1. 气象与水文

### 1.1　流域概况

×××围垦工程位于浙江省临海市东南部，椒江口左侧，距临海市区约 80km，距上盘镇约 11km。

临海市地处浙江省海岸线中段，位于东经 121°07′，北纬 28°50′，椒江干流灵江横贯全市。

椒江是浙江省第三大河，河长 208km，流域面积 6600km$^2$。主流永安溪发源于括苍山脉西部海拔 1184m（1985 国家高程基准，下同）的天堂尖，河长 144km，流域面积 2704km$^2$，流向自西南向东北，穿越仙居县城，在临海市西侧三江村附近左汇始丰溪（河长 134km，流域面积 1616km$^2$），合流后横穿临海市而过，经台州市椒江区入台州湾（东海）。其中三江村至三江口之间的河段称为灵江。

### 1.2　气象

本工程地处浙江省东南部，濒临东海，属亚热带季风气候区，具有明显的海洋性气候特征。气候温和湿润，四季分明，雨量丰沛，日照充足，无霜期长。

设计流域附近椒江南部的洪家气象站，站址位于台州市椒江区洪家扬庄，东经 121°25′，北纬 28°37′，观测场地面海拔 1.3m。洪家气象站资料均据中央气象局制定的《全国地面基本气候资料统计方法》及其补充规定进行整编，成果可靠，为本工程气象要素统计的主要依据。

据洪家气象站观测资料统计，多年平均气温 17℃，年平均相对湿度 82%；平均年蒸发量 1340.8mm（$\phi$20cm 蒸发皿观测值）；年降水日数为 167d，年平均风速 2.6m/s，实测最大风速 25m/s，相应风向 NNE（出现在 8 月）。

洪家气象站地面气候特征值见表 1.1。

据统计，流域降水量不仅年际变化较大，而且年内分配不均。冬季受北方冷空气控制，低温少雨。春季大陆冷高压衰退，副热带高压北进，冷暖气团交绥，形成绵绵春雨。春末夏初，太平洋高压渐向大陆推进，造成连续降水，俗称梅雨季节。7—10 月间，受太平洋副热带高压控制，天气炎热；台风活动频繁。台风是影响本地区的主要灾害性天气之一。在其活动过程中，伴随着狂风、暴雨、巨浪和风暴潮，往往给沿海地区的人民生命财产带来极大危害。

表 1.1　　洪家气象站气候特征值表

| 项　目 | 1月 | 2月 | 3月 | 4月 | 5月 | 6月 | 7月 | 8月 | 9月 | 10月 | 11月 | 12月 | 全年 |
|---|---|---|---|---|---|---|---|---|---|---|---|---|---|
| 平均气温/℃ | 6.0 | 6.8 | 10.1 | 15.4 | 20.1 | 23.9 | 27.7 | 27.6 | 24.2 | 19.2 | 14.3 | 8.6 | 17 |
| 平均最高气温/℃ | 10.8 | 11 | 14.3 | 19.7 | 23.8 | 27.2 | 31.8 | 31.5 | 28 | 23.7 | 18.8 | 13.4 | 21.2 |
| 平均最低气温/℃ | 2.5 | 3.6 | 6.9 | 12 | 17.2 | 21.3 | 24.8 | 24.6 | 21.2 | 15.6 | 10.7 | 4.9 | 13.8 |
| 极端最高气温/℃ | 26.3 | 25.8 | 28 | 31.5 | 35.7 | 36.7 | 38.1 | 37.9 | 35.6 | 32.7 | 29.8 | 26.6 | 38.1 |
| 极端最低气温/℃ | −6.8 | −6.3 | −5.4 | 1.2 | 8.6 | 13.3 | 18.4 | 18.4 | 12.2 | 3.2 | −1.5 | −6.5 | −6.8 |
| 平均相对湿度/% | 76 | 80 | 83 | 85 | 85 | 89 | 86 | 85 | 85 | 81 | 77 | 75 | 82 |
| 平均蒸发量/mm | 63.4 | 58.3 | 75.6 | 98.5 | 115.6 | 122.4 | 195.2 | 187.5 | 139.9 | 120.9 | 90.6 | 73 | 1340.8 |
| 平均风速/(m/s) | 2.9 | 2.8 | 2.5 | 2.4 | 2.3 | 2.3 | 2.9 | 2.7 | 2.5 | 2.6 | 2.8 | 2.8 | 2.6 |
| 最大风速/(m/s)及风向 | 20 NW | 15 NW | 15.7 NW | 16 WNW | 14 NNE | 19.7 NW | 18 WSW | 25 NNE | 23 NNE | 16.3 NW | 17 NW | 13.7 WNW | 25 NNE |

本地区的主要雨季分为梅汛期（4月16日—7月15日）和台汛期（7月16日—10月15日）两个。降水量相对集中于5—9月，这5个月的累计雨量占年雨量的79%。形成本地区洪涝灾害的主要暴雨为台风雨，其来势猛、总量大、强度高，所造成的洪涝灾害特别严重。

据流域附近东洋站实测资料，1957—2003年47年资料表明，最大一日雨量大于200mm的暴雨有5场，位居前三位的是235.1mm（1961年5月21日）、233.5mm（1992年9月22日）和229.4mm（1966年9月7日）。

最大三日暴雨量大于300mm的暴雨有3场，由大到小依次是395.1mm（1993年9月12日）、317.8mm（1966年9月5日）和317.4mm（1962年9月4日）。

## 1.3　水文基本资料

设计流域内无水文站。本流域对岸西南部有海门潮位站（表1.2）。海门潮位站设立于1932年，1951年起有连续潮位观测资料；健跳站属三门县管辖，设立于1975年，观测资料有潮位和降水量。海门站观测资料系列长，同时靠近本流域，选其为本工程设计的代表站。

表 1.2　　水文测站一览表

| 测站 | 集水面积/km² | 水系 | 河名 | 设立年 | 观测项目 |
|---|---|---|---|---|---|
| 海门 | | 椒江 | 椒江 | 1932 | 潮位、降水量 |
| 健跳 | | 滨海 | 健跳港 | 1975 | 潮位、降水量 |
| 上盘 | | | | | 降水量 |
| 杜桥 | | | | | 降水量 |
| 临海 | 4410 | 灵江 | 灵 江 | 1933 | 潮位、降水量 |
| 沙段 | 1482 | 灵江 | 始丰溪 | 1981 | 水位、流量、降水量 |
| 百步 | 1356 | 灵江 | 始丰溪 | 1957 | 水位、流量、降水量 |
| 玉环 | | 玉环岛 | | | 降水量 |

## 1.4　洪水

本次设计围垦面积为7.07km²，流域由小块坡地丘陵和海涂滩地组成，根据流域实际情况将其分为东西2区共4块，总集水面积为11.67km²。

流域各区块情况见表1.3。

**表1.3　　设计流域各区块基本情况**

| 类　别 | 名　称 | 集水面积/km² |
|---|---|---|
| 本期围垦 | 西区 | 4.07 |
| | 东区 | 3.00 |
| | 合计围垦 | 7.07 |
| 原围垦 | 5号贮灰场 | 2.00 |
| | 6号贮灰场 | 2.60 |
| | 合计原围垦 | 4.60 |
| 总汇水 | | 11.67 |

### 1.4.1　设计暴雨

设计中采用设计暴雨推求各日逐时产水（净雨）过程。

暴雨取样采用年最大值法，统计时段为1日与3日。由于海门站紧邻设计流域，集水面积又较小，故流域面雨量由海门站单站代表。

暴雨系列为1952—2005年，海门站实测年最大1日暴雨出现在1997年8月18日，雨量268.9mm；1999年10月9日次之，日雨量是263.7mm。而1952年7月19—21日则为系列实测最大3日暴雨，总雨量458.5mm；系列实测3日暴雨次大值出现在1962年9月4—6日，总雨量308mm。

年最大暴雨适线采用P－Ⅲ型曲线，通过频率分析，求得流域设计暴雨，成果见表1.4。

**表1.4　　海门站设计暴雨成果表　　单位：mm**

| 历时 | 均值 | $C_v$ | $C_S/C_v$ | $P=2\%$ | $P=3.3\%$ | $P=5\%$ | $P=10\%$ | $P=20\%$ |
|---|---|---|---|---|---|---|---|---|
| 1日 | 122 | 0.5 | 3 | 289 | 263 | 241 | 203 | 164 |
| 24h | | | | 327 | 297 | 272 | 229 | 185 |
| 3日 | 178 | 0.48 | 3 | 410 | 374 | 344 | 292 | 238 |

**注**　表中24h雨量按1日雨量的1.13倍计。

### 1.4.2　设计雨型

设计暴雨的日程分配为最大24h雨量位于3日雨量的第2日，其余2日雨量均为3日雨量减去24h雨量之差的50%。

设计暴雨的时程分配，各时段雨量按暴雨公式计算，然后按《暴雨图集》雨型模式排位。

### 1.4.3　产流计算

流域产流计算采用蓄满产流原理的简易扣损法。其中陆地初损为25mm，后损最大日扣1.0mm/h，其余2日扣0.5mm/h。水面产水量计算不扣初损，只扣水面蒸发量0.2mm/h。

### 1.4.4 设计洪水

设计洪水各分区均计算产水过程。

经分析与计算，流域分区设计洪水成果见表1.5。

**表1.5　　设计流域最大3日产水量计算成果表**

| 分　区 | 集水面积/$km^2$ | 参数 | 各频率设计成果 | | | | |
|---|---|---|---|---|---|---|---|
| | | | 2% | 3.3% | 5% | 10% | 20% |
| | | 净雨峰/(mm/h) | 99.9 | 90.6 | 82.9 | 69.7 | 56.1 |
| | | 净雨深/mm | 373.6 | 337.9 | 308 | 255.9 | 202.4 |
| 西区围垦 | 4.07 | 产水量/万$m^3$ | 152 | 138 | 125 | 104 | 82 |
| 东区围垦 | 3.0 | | 104 | 94 | 86 | 71 | 56 |
| 西区总汇水 | 6.07 | | 223 | 201 | 184 | 153 | 121 |
| 东区总汇水 | 5.6 | | 200 | 181 | 165 | 137 | 108 |
| 总汇水 | 11.67 | | 423 | 382 | 349 | 290 | 229 |

经分析与计算，流域坡地丘陵和海涂滩地各设计频率净雨过程线见表1.6。

**表1.6　　×××设计产流过程（净雨）表　　单位：mm**

| 时段/h | $P=2\%$ | $P=3.3\%$ | $P=5\%$ | $P=10\%$ | $P=20\%$ |
|---|---|---|---|---|---|
| 1 | 0 | 0 | 0 | 0 | 0 |
| 2 | 0 | 0 | 0 | 0 | 0 |
| 3 | 0 | 0 | 0 | 0 | 0 |
| 4 | 0 | 0 | 0 | 0 | 0 |
| 5 | 0 | 0 | 0 | 0 | 0 |
| 6 | 0 | 0 | 0 | 0 | 0 |
| 7 | 0 | 0 | 0 | 0 | 0 |
| 8 | 0 | 0 | 0 | 0 | 0 |
| 9 | 0 | 0 | 0 | 0 | 0 |
| 10 | 0 | 0 | 0 | 0 | 0 |
| 11 | 0 | 0 | 0 | 0 | 0 |
| 12 | 0 | 0 | 0 | 0 | 0 |
| 13 | 0 | 0 | 0 | 0 | 0 |
| 14 | 0 | 0 | 0 | 0 | 0 |
| 15 | 0 | 0 | 0 | 0 | 0 |
| 16 | 0 | 0 | 0 | 0 | 0 |
| 17 | 0 | 0 | 0 | 0 | 0 |
| 18 | 0 | 0 | 0 | 0 | 0 |

续表

| 时段/h | P=2% | P=3.3% | P=5% | P=10% | P=20% |
|---|---|---|---|---|---|
| 19 | 0 | 0 | 0 | 0 | 0 |
| 20 | 0 | 0 | 0 | 0 | 0 |
| 21 | 11.2 | 8.6 | 6.4 | 2.6 | 0 |
| 22 | 2 | 1.8 | 1.7 | 1.4 | 0 |
| 23 | 1.4 | 1.3 | 1.2 | 1 | 0.5 |
| 24 | 1.1 | 1 | 1 | 0.8 | 0.7 |
| 25 | 4.9 | 4.4 | 4 | 3.4 | 2.7 |
| 26 | 5.1 | 4.6 | 4.2 | 3.5 | 2.8 |
| 27 | 5.2 | 4.7 | 4.3 | 3.6 | 2.9 |
| 28 | 5.4 | 4.9 | 4.4 | 3.7 | 3 |
| 29 | 5.5 | 5 | 4.6 | 3.8 | 3.1 |
| 30 | 5.7 | 5.2 | 4.7 | 4 | 3.2 |
| 31 | 6 | 5.4 | 4.9 | 4.1 | 3.3 |
| 32 | 6.2 | 5.6 | 5.1 | 4.3 | 3.4 |
| 33 | 6.4 | 5.8 | 5.3 | 4.5 | 3.6 |
| 34 | 6.7 | 6.1 | 5.6 | 4.7 | 3.7 |
| 35 | 7 | 6.4 | 5.8 | 4.9 | 3.9 |
| 36 | 7.4 | 6.7 | 6.1 | 5.1 | 4.1 |
| 37 | 7.8 | 7.1 | 6.5 | 5.4 | 4.3 |
| 38 | 8.3 | 7.5 | 6.9 | 5.7 | 4.6 |
| 39 | 8.8 | 8 | 7.3 | 6.1 | 4.9 |
| 40 | 9.5 | 8.6 | 7.9 | 6.6 | 5.3 |
| 41 | 11.3 | 10.2 | 9.4 | 7.8 | 6.3 |
| 42 | 14.3 | 13 | 11.9 | 10 | 8 |
| 43 | 20.9 | 19 | 17.4 | 14.6 | 11.7 |
| 44 | 29.3 | 26.6 | 24.3 | 20.5 | 16.5 |
| 45 | 99.9 | 90.6 | 82.9 | 69.7 | 56.1 |
| 46 | 16.8 | 15.3 | 14 | 11.7 | 9.4 |
| 47 | 12.6 | 11.4 | 10.4 | 8.7 | 7 |
| 48 | 10.3 | 9.3 | 8.5 | 7.2 | 5.7 |
| 49 | 0.4 | 0.4 | 0.4 | 0.3 | 0.2 |
| 50 | 0.5 | 0.4 | 0.4 | 0.3 | 0.2 |
| 51 | 0.5 | 0.4 | 0.4 | 0.3 | 0.2 |
| 52 | 0.5 | 0.5 | 0.4 | 0.3 | 0.3 |
| 53 | 0.5 | 0.5 | 0.4 | 0.4 | 0.3 |

续表

| 时段/h | $P=2\%$ | $P=3.3\%$ | $P=5\%$ | $P=10\%$ | $P=20\%$ |
|---|---|---|---|---|---|
| 54 | 0.6 | 0.5 | 0.5 | 0.4 | 0.3 |
| 55 | 0.6 | 0.5 | 0.5 | 0.4 | 0.3 |
| 56 | 0.6 | 0.6 | 0.5 | 0.4 | 0.3 |
| 57 | 0.6 | 0.6 | 0.5 | 0.4 | 0.3 |
| 58 | 0.7 | 0.6 | 0.6 | 0.5 | 0.4 |
| 59 | 0.7 | 0.7 | 0.6 | 0.5 | 0.4 |
| 60 | 0.8 | 0.7 | 0.6 | 0.5 | 0.4 |
| 61 | 0.8 | 0.7 | 0.7 | 0.6 | 0.4 |
| 62 | 0.9 | 0.8 | 0.7 | 0.6 | 0.5 |
| 63 | 0.9 | 0.9 | 0.8 | 0.7 | 0.5 |
| 64 | 1 | 0.9 | 0.9 | 0.7 | 0.6 |
| 65 | 1.3 | 1.2 | 1.1 | 0.9 | 0.7 |
| 66 | 1.6 | 1.5 | 1.4 | 1.2 | 1 |
| 67 | 2.5 | 2.3 | 2.1 | 1.8 | 1.5 |
| 68 | 3.5 | 3.3 | 3 | 2.6 | 2.2 |
| 69 | 12.6 | 11.7 | 10.9 | 9.5 | 8 |
| 70 | 2 | 1.8 | 1.7 | 1.4 | 1.2 |
| 71 | 1.4 | 1.3 | 1.2 | 1 | 0.8 |
| 72 | 1.1 | 1 | 1 | 0.8 | 0.7 |
| 合计 | 373.6 | 337.9 | 308 | 255.9 | 202.4 |

## 1.5 设计潮位及潮型

### 1.5.1 设计潮位

本工程设计潮位采用海门资料分析确定。

潮位特征值统计成果见表1.7。

**表1.7** **潮位特征值统计成果表** 单位：m

| 位置 | 平均高潮位 | 平均低潮位 | 平均潮位 | 涨潮潮差 | 落潮潮差 |
|---|---|---|---|---|---|
| 海门站 | 2.41 | −1.61 | 0.4 | 4.02 | 4.02 |

海门潮位站最高潮位和最低潮位设计成果见表1.8。

**表1.8** **海门站设计潮位成果表** 单位：m

| 类　别 | 均值 | $Cv$ | $Cs/Cv$ | $P=0.5\%$ | $P=1\%$ | $P=2\%$ | $P=5\%$ | $P=10\%$ | $P=20\%$ |
|---|---|---|---|---|---|---|---|---|---|
| 年最高潮位 | 4 | 0.11 | 20 | 5.96 | 5.63 | 5.31 | 4.88 | 4.57 | 4.25 |
| 非汛期最高潮位 | 3.64 | 0.064 | 20 | — | — | 4.17 | 4.09 | 3.95 | 3.81 |
| 年最低潮位 | −2.32 | 0.066 | 20 | — | −2.81 | −2.73 | −2.62 | −2.53 | −2.43 |

海门站实测年最高潮位5.64m（1985国家高程基准）发生于1997年，经分析计算，该次潮位重现期定为100年一遇。本工程在设计中先后遭遇2005年8号台风“海棠”和9号台风“麦莎”，两次台风均在省内登陆后紧擦工程附近而过。经分析，台风引发的最高潮位4.45 m（1985国家高程基准），排位实测年最高潮位系列第五位。

### 1.5.2　设计潮型

海门站属规则半日潮型，一日呈两高两低，涨落潮历时差值较小。多年平均涨潮历时为6时19分，落潮历时为6时06分，平均涨落时差13分。各潮位站潮汐特征值详见表1.8。

设计潮型包括排涝、施工度汛和围堤堵口3类。

（1）排涝潮型分析选用典型年法，取用经统计的平均偏不利潮形，历时4d。采用典型为海门站1990年10月4日21时—10月8日20时潮位过程。本次过程最高潮位4.03m，最低潮位－1.87m。

其设计潮位过程见表1.9。

**表1.9　　排涝设计潮型**

| 时段/h | 潮位/m | | | |
|---|---|---|---|---|
| | 第一天 | 第二天 | 第三天 | 第四天 |
| 1 | 3.33 | 3.34 | 3.54 | 2.73 |
| 2 | 2.83 | 3.36 | 4.03 | 3.45 |
| 3 | 1.82 | 2.54 | 3.4 | 3.24 |
| 4 | 0.74 | 1.31 | 2.35 | 2.53 |
| 5 | －0.1 | 0.21 | 1.07 | 1.5 |
| 6 | －0.77 | －0.47 | －0.03 | 0.44 |
| 7 | －1.27 | －1.04 | －0.64 | －0.41 |
| 8 | －1.66 | －1.48 | －1.18 | －1.01 |
| 9 | －1.87 | －1.82 | －1.59 | －1.46 |
| 10 | －0.39 | －1.09 | －1.39 | －1.81 |
| 11 | 1 | 0.14 | －0.08 | －1.39 |
| 12 | 2.47 | 1.84 | 1.38 | －0.17 |
| 13 | 3.39 | 3.38 | 3.03 | 1.38 |
| 14 | 3.25 | 3.95 | 3.94 | 2.92 |
| 15 | 2.36 | 3.31 | 3.76 | 3.57 |
| 16 | 1.23 | 2.23 | 2.92 | 3.19 |
| 17 | 0.22 | 1.09 | 1.85 | 2.39 |
| 18 | －0.46 | 0.16 | 0.71 | 1.41 |
| 19 | －1.03 | －0.49 | －0.21 | 0.41 |
| 20 | －1.49 | －1.03 | －0.83 | －0.35 |
| 21 | －1.77 | －1.42 | －1.29 | －0.9 |
| 22 | －0.39 | －0.67 | －1.11 | －1.29 |
| 23 | 0.82 | 0.61 | 0.05 | －0.63 |
| 24 | 2.31 | 2.18 | 1.3 | 0.43 |

**注**　最高值4.03m，最低值－1.82m。

(2) 施工度汛设计潮型，以汛期10年一遇设计高潮位为控制，选用典型潮位过程做适当修正后采用。其中，将10年一遇高潮位4.57m置于3日潮型的主潮峰，再按正常潮型稍做修正，度汛潮型较偏于安全。

其潮位过程见表1.10。

**表1.10　施工度汛设计潮型**

| 时段/h | 潮位/m | | | |
|---|---|---|---|---|
| | 第一天 | 第二天 | 第三天 | 第四天 |
| 1 | 3.74 | 3.24 | 3.43 | 2.61 |
| 2 | 3.21 | 3.86 | 4.57 | 3.96 |
| 3 | 2.14 | 2.99 | 3.92 | 3.73 |
| 4 | 1.00 | 1.69 | 2.81 | 2.98 |
| 5 | 0.11 | 0.52 | 1.46 | 1.89 |
| 6 | −0.60 | −0.20 | 0.29 | 0.77 |
| 7 | −1.13 | −0.80 | −0.35 | −0.13 |
| 8 | −1.54 | −1.27 | −0.92 | −0.76 |
| 9 | −2.20 | −2.26 | −1.98 | −1.24 |
| 10 | −0.63 | −1.49 | −1.77 | −2.23 |
| 11 | 0.84 | −0.19 | −0.38 | −1.78 |
| 12 | 2.39 | 1.61 | 1.16 | −0.49 |
| 13 | 3.89 | 3.24 | 2.91 | 1.15 |
| 14 | 3.74 | 4.49 | 4.47 | 2.78 |
| 15 | 2.80 | 3.81 | 4.28 | 4.06 |
| 16 | 1.60 | 2.67 | 3.39 | 3.66 |
| 17 | 0.53 | 1.46 | 2.26 | 2.81 |
| 18 | −0.19 | 0.48 | 1.05 | 1.77 |
| 19 | −0.79 | −0.21 | 0.08 | 0.72 |
| 20 | −1.28 | −0.78 | −0.57 | −0.09 |
| 21 | −2.17 | −1.82 | −1.64 | −0.67 |
| 22 | −0.71 | −1.03 | −1.45 | −1.46 |
| 23 | 0.57 | 0.33 | −0.22 | −0.77 |
| 24 | 2.15 | 1.99 | 1.10 | 0.36 |

注　最高值4.57m，最低值−2.26m。

(3) 围堤堵口设计潮型，以非汛期5年一遇设计高潮位为控制，选取1996年11月10日9时—11月14日8时潮位过程线为非汛期设计典型，将典型潮位过程做适当修正后采用。其中，非汛期5年一遇高潮位3.81m置于3日潮型的主潮峰，然后稍做修正得到。

围堤堵口设计潮型潮位过程见表1.11。

表 1.11　　围堤堵口设计潮型

| 时段/h | 潮位/m | | | |
|---|---|---|---|---|
| | 第一天 | 第二天 | 第三天 | 第四天 |
| 1 | 3.06 | 3.38 | 3.55 | 2.8 |
| 2 | 2.4 | 3.04 | 3.81 | 3.53 |
| 3 | 1.46 | 2.07 | 3.18 | 3.18 |
| 4 | 0.62 | 1.13 | 2.09 | 2.31 |
| 5 | −0.12 | 0.34 | 1.04 | 1.22 |
| 6 | −0.75 | −0.33 | 0.24 | 0.28 |
| 7 | −1.2 | −0.88 | −0.41 | −0.4 |
| 8 | −1.19 | −1.29 | −0.91 | −0.93 |
| 9 | −0.17 | −0.72 | −1.11 | −1.38 |
| 10 | 0.79 | 0.31 | −0.12 | −1.22 |
| 11 | 2.06 | 1.61 | 0.88 | −0.16 |
| 12 | 2.96 | 2.86 | 2.37 | 0.98 |
| 13 | 2.98 | 3.45 | 3.45 | 2.3 |
| 14 | 2.27 | 2.9 | 3.5 | 3.02 |
| 15 | 1.27 | 1.89 | 2.81 | 2.64 |
| 16 | 0.48 | 0.93 | 1.71 | 1.74 |
| 17 | −0.24 | 0.1 | 0.67 | 0.76 |
| 18 | −0.85 | −0.57 | −0.11 | −0.02 |
| 19 | −1.31 | −1.11 | −0.74 | −0.69 |
| 20 | −1.64 | −1.52 | −1.26 | −1.23 |
| 21 | −0.89 | −1.51 | −1.65 | −1.63 |
| 22 | 0.01 | −0.36 | −1.09 | −1.98 |
| 23 | 1.37 | 0.75 | −0.17 | −1.26 |
| 24 | 2.68 | 2.32 | 1.28 | −0.32 |

注　最高值 3.81m，最低值−1.98m。

## 1.6　波浪

本工程地处东南沿海，附近有白沙岛、头门岛等岛屿。工程东部分别被东矶列岛的东矶岛、田岙岛等岛屿包围，而东南部面向大海，属无限风区。

按照本工程海堤布置情况，波浪计算分为两种情况。西直堤位处椒江口，按有限风区以风速推求波浪，西顺堤、东顺堤及穿礁闸按实测波要求推求波浪。依据《浙江省海塘工程技术规定》(1999 年 9 月 5 日发布，简称《规定》) 有关规定进行分析计算。

### 1.6.1　依据风速推求波浪

根据《规定》，海湾及河口段波浪要素计算采用风速推算的方法，包括平均波高和平均周期。从工程安全考虑，波浪要素计算中不考虑风时的影响，按定常波计算。

### 1.6.1.1 风场要素

定常波要素取决于风场要素，即风区长度、风速，当水域水深较浅时，还受到水深的影响。

风区长度是指风向、风速大致相近的水域从风区上沿（起算点）沿风向到计算点的距离。

设计风速查《规定》中的风速均值等值线图和风速变差系数 $Cv$ 等值线图，可得指定风向、风区内的风速均值、风速变差系数 $Cv$，按《规定》方法即可求得 10min 设计风速。

风区平均计算水深为风区平均水深加上设计频率高潮位及海图深度基面与吴淞基面的差值。

### 1.6.1.2 波浪要素

据上述所求风场要素，采用“莆田海堤试验站公式”计算波浪要素。

莆田海堤试验站公式：

$$\frac{g\overline{H}}{v^2}=0.13\text{th}\left[0.7\left(\frac{gd}{v^2}\right)^{0.7}\right]\text{th}\left\{\frac{0.0018\left(\frac{gF}{v^2}\right)^{0.45}}{0.13\text{th}\left[0.7\left(\frac{gd}{v^2}\right)^{0.7}\right]}\right\} \tag{1.1}$$

$$\frac{g\overline{T}}{v}=13.9\left(\frac{g\overline{H}}{v^2}\right)^{0.5} \tag{1.2}$$

式中 $g$——重力加速度，9.81m/s$^2$；

$F$——风区长度，m；

$v$——设计风速，m/s；

$d$——风区平均计算水深，m；

$\overline{H}$——平均波高，m；

$\overline{T}$——平均波周期，s。

平均波长可据《规定》的“波长—周期—水深关系表”查得。

西直堤风浪计算成果见表 1.12。

**表 1.12　×××围堤波浪计算成果表**

| 位置 | 东顺堤（穿礁闸） | | 西顺堤 | | 西直堤 | |
|---|---|---|---|---|---|---|
| 风向 | E—ESE | SE—SSE | E—ESE | SE—SSE | E—ESE | SE—SSE |
| | 101.25° | 146.25° | 101.25° | 146.25° | 101.25° | 146.25° |
| 设计潮位/m | 5.31 | 5.31 | 5.31 | 5.31 | 5.31 | 5.31 |
| 频率/% | 2 | 2 | 2 | 2 | 2 | 2 |
| 风区长度（km） | 无限 | | 无限 | | 有限风区 5.0km | |
| 塘前水深（m） | 6.71 | 6.71 | 6.31 | 6.31 | 4.31 | 4.31 |
| 平均波高/m | 6.90 | 5.70 | 6.90 | 5.70 | 0.65 | 0.57 |
| 平均波周期/s | 14.80 | 14.10 | 14.80 | 14.10 | 3.6 | 3.3 |
| 波长/m | 341.7 | 310.1 | 341.7 | 310.1 | 19.8 | 17.4 |
| 破碎波高/m | 4.03 | 4.03 | 3.79 | 3.79 | — | — |

续表

| 位置 | | 东顺堤（穿礁闸） | | 西顺堤 | | 西直堤 | |
|---|---|---|---|---|---|---|---|
| 塘前波长/m | | 117.54 | 111.73 | 114.09 | 108.50 | — | — |
| 塘前设计波高/m | $F=1\%$ | 3.37 | 2.71 | 3.46 | 2.66 | 1.05 | 1.09 |
| | $F=2\%$ | 3.17 | 2.54 | 3.26 | 2.49 | 0.97 | 1.01 |
| | $F=4\%$ | 2.94 | 2.35 | 3.04 | 2.30 | — | — |
| | $F=5\%$ | 2.87 | 2.28 | 2.96 | 2.24 | 0.86 | 0.89 |
| | $F=13\%$ | 2.48 | 1.95 | 2.58 | 1.92 | 0.72 | 0.75 |

注 波向：E—ESE（平均方位101.25°）；SE—SSE（平均方位146.25°）。

#### 1.6.2 依据实测资料推算设计波浪要素

根据工程水域的地形特点，经分析计算和比较，确定本工程水闸和海堤段较不利的波向为E—ESE（平均方位101.25°）和SE—SSE（平均方位146.25°），采用大陈海洋水文站（简称大陈站）实测波要素推算设计波浪要素。

其中，大陈站SE—SSE波向的50年一遇的平均波高为5.70m，平均波周期14.1s，深水波长310.1m。

大陈站E—ESE波向的50年一遇的平均波高为6.9m，平均波周期14.8s，深水波长341.7m。20年一遇的平均波高为5.70m，平均波周期13.6s，深水波长288.5m。

通过波浪浅水变形计算，求得塘前设计波要素。

其他各堤风浪要素推求方法相同，推求的成果见表1.12。

### 1.7 泥沙

设计区域的泥沙主要来源有两个方面：一是来自周围陆上河流，将流域地表的侵蚀和河床的冲刷等形成的泥沙由水流携带入海；二是来自海上潮流，潮水携带大量的悬浮沙在涨落过程中不断淤积下来。

由于设计流域缺乏泥沙资料，陆上河流的输沙量根据《浙江省水资源图集》查算得到。

本次设计围垦面积7.07/km$^2$，经查《浙江省水资源图集》，设计流域悬移质多年平均侵蚀模数为100t/km$^2$。考虑推移质输沙量为悬移质输沙量的20%，求得周围陆上河流多年平均输沙量为0.08万t。

## 2 工 程 地 质

### 2.1 基本情况

×××围垦工程，地处临海市杜桥镇。围区总面积10600亩，海堤总长7.41km，南北宽约1.5km，共设水闸2座。围区中间设一施工道路，长约1460m。海堤轴线每250m布置一个勘探孔，每500m布置一个勘探断面、每个断面布置2～3个勘探孔，断面孔距为100～200m。

### 2.2 区域地质概况

#### 2.2.1 地形地貌

工程区及周边为低山丘陵、岛屿和滨海平原，岛屿高程一般在300m以下。工程区所在地区为椒江口河口堆积平原亚区，海涂坡度较平缓，浅滩涂面高程一般在－1.6～1.0m之间，围涂南面为椒江出海口，由于受水流及潮流影响，部分地区涂面较低，高差相差较大。本区自第四纪以来，构造运动以整体抬升为主。

### 2.2.2 地层岩性

工程区内出露的基岩岩性为白垩系上统火山岩系及第四系全新统松散沉积物。由老至新分述如下。

白垩系上统塘上组（$K_2t$），塘上组分布于临海西北部天台盆地的东端，东南部小雄盆地，东北部的宁海县西岙，西南部的临海市小岭下等地。本组岩性为流纹质含角砾玻屑凝灰岩，流纹质含角砾玻屑熔结凝灰岩，夹含角砾沉凝灰岩、紫红色粉砂岩、砂砾岩，局部夹流纹岩、安山岩、安山玢岩等，小雄盆地夹有较多的粗面斑岩、石英粗面斑岩、粗面质玻屑熔结凝灰岩。在天台盆地东部的坦头附近，塘上组中下部流纹质玻屑凝灰岩有沸石矿化现象。

白垩系上统赖家组下段（$K_2l^a$），本段仅见于临海西北部天台盆地的东横山一处，出露面积约5$km^2$，占临海陆地面积的0.09%。该段岩性为紫红色粉砂岩、钙质粉砂岩、泥质粉砂岩，偶夹流纹质含角砾玻屑凝灰岩。厚300～500m，与下伏塘上组呈整合接触。

白垩系上统赖家组上段（$K_2l^b$），本段仅见于天台盆地内的清溪一带，出露面积约16$km^2$，占临海陆地面积的0.3%。该段岩性为紫红色砾岩、砂砾岩、粉砂岩，偶夹流纹质玻屑凝灰岩。厚约900m。

第四系主要分布于灵江两岸、滨海小平原和各县城周围的山间盆地内，出露面积1392$km^2$，占临海陆地面积的26.5%。第四系最大厚度为147m。测区内第四系沉积物的分布与发育主要受地貌和海平面升降控制，成因类型较复杂，下部为中—上更新统海湖相沼积（$m-hlQ_{4.2.3}$）黄褐色，灰色或青灰色淤泥质黏土，常夹粉砂层，局部见铁锰质结核；上部为全新统冲—海积（$al-mQ_4$）含砾亚黏土或粉砂质黏土、全新统海积（$mQ_4$）淤泥质黏土或粉土等。

另外，测区还分布有晚白垩世次火山岩相花岗斑岩（$\gamma\pi\kappa_2$），晚白垩世火山通道相正长斑岩（$\epsilon\pi\kappa_2$），在测区内有零星分布。

### 2.2.3 地质构造与地震

测区在地质构造上属华夏褶皱带范围，受NNE向和NNW向两组断裂影响较大，在现代的基本地貌单元上显示比较突出。本区区域构造稳定，根据GB 18306—2001《中国地震动参数区划图》，地震动峰值加速度小于0.05$g$（相应地震基本烈度值小于Ⅵ度），场地地震动反应谱特征周期基岩为0.35s，软土为0.65s。

### 2.2.4 水文地质条件

工程区属亚热带，气候温暖，雨量充沛。地下水类型主要为基岩裂隙水和第四系松散堆积物孔隙潜水。基岩裂隙水主要受断层及节理控制；孔隙潜水主要埋藏于第四系松散堆积层中。地下水一般受大气降水补给，并向江、海等地表水体排泄。

## 2.3 建筑物工程地质条件

围区东西长约7.5km，中间设一施工道路，东西向堤轴线分为东顺堤和西顺堤。工程区海

涂主要为淤泥和冲海积砂性土，围垦区涂面高程一般为－1.6～2.5m，地势平缓。

### 2.3.1　东西顺堤线工程地质条件

#### 2.3.1.1　工程地质条件

东顺堤所处地区，涂面高程较低，约－1.4～－0.8m，涂面平坦开阔，涂面坡降约1.5‰，地形平坦，有少量渔网。西顺堤所处地区，涂面高程约－0.1～2.5m，西顺堤外侧涂面坡降较大，平均坡降约1.6‰。工程区在勘探深度范围内，自上而下可分为以下工程地质层。

1. Ⅰ层——淤泥夹粉土（$mQ_4$）

灰—青灰色，局部灰黄色，粉土，湿，稍密—松散；淤泥，饱和，流塑—软塑，高压缩性，呈团块状分布，局部夹白色贝壳碎片。该层土质均匀性差，局部淤泥与粉土的相对含量相差较大，粉土含量在20%～40%。该层分布不均，其中在施工道路附近较薄，局部缺失，一般厚2.70～4.80m。主要物理力学指标如下：

（1）$\omega$＝32.0%～49.4%；$\rho$＝1.72～1.92 g/cm$^3$；$e$＝0.985～1.388；$E_s$＝2.14～6.20MPa；$a_v$＝0.307～1.065MPa$^{-1}$。

（2）快剪 $C$＝3.3～12.6kPa，$\varphi$＝3.0°～14.3°。

（3）固快 $C$＝2.1～13.1kPa，$\varphi$＝14.6°～27.8°。

（4）渗透系数 $K_v$＝1.94×10$^{-7}$～3.65×10$^{-5}$cm/s，$K_H$＝1.22×10$^{-7}$～3.59×10$^{-5}$cm/s。

（5）静力触探 $q_c$＝0.20～0.33MPa，$f_s$＝4.53～9.83kPa。

（6）十字板试验 $C_u$＝5.0～10.0 kPa，建议 $C_u$＝（4.896＋1.355$Z$）kPa。

（7）建议该层承载力标准值 $f_k$＝60～80kPa。

2. Ⅱ层——淤泥（$mQ_4$）

灰色—青灰色，饱和，软塑，局部夹薄层粉土、粉细砂，部分钻孔揭露有黑色的腐殖质含有机质和细小白色贝壳碎片。该层在施工道路附近局部出露地表，含水量高，孔隙比大，性质较差。该层分布稳定，层厚19.40～24.20m，顶板高程－2.36～－6.13m。主要物理力学指标如下：

（1）$\omega$＝36.1%～59.0%；$\rho$＝1.63～1.85g/cm$^3$；$e$＝1.097～1.652；$E_s$＝1.68～4.76MPa；$a_v$＝0.436～1.556MPa$^{-1}$。

（2）快剪 $C$＝3.4～14.3kPa，$\varphi$＝1.3°～6.9°。

（3）固快 $C$＝3.3～14.9kPa，$\varphi$＝10.1°～24.0°。

（4）渗透系数 $K_v$＝5.80×10$^{-8}$～2.82×10$^{-5}$cm/s，$K_H$＝1.00×10$^{-7}$～3.03×10$^{-5}$cm/s。

（5）静力触探 $q_c$＝0.35～0.47MPa，$f_s$＝8.47～9.41kPa。

（6）十字板试验 $C_u$＝10.0～30.0kPa，建议 $Cu$＝（4.579＋1.003$Z$）kPa。

（7）建议该层承载力标准值 $f_k$＝50～60kPa。

3. Ⅱ$_{SL}$层——粉土（$mQ_4$）

灰色，湿，稍密—松散，局部位置夹少量淤泥。ZK215有揭露，该层呈透镜体状分布于Ⅱ层中，厚一般0.50～1.00m。

4. Ⅲ层——含泥粉细砂（$mQ_4$）

灰色，湿，稍密—中密，中等压缩性。夹少量淤泥团块。厚度一般0～9.00m，顶板高程－24.90～－21.76m。主要分布在施工道路以西，此层分布不均匀，在东顺堤东段未见。主要物理学指标如下：

（1）$\omega$=24.2%～36.4%；$\rho$=1.81～2.01 g/cm$^3$；$e$=0.689～0.929；$E_s$=3.04～15.94MPa；$a_v$=0.110～0.643MPa$^{-1}$。

（2）快剪$C$=4.1～12.2kPa，$\varphi$=7.2°～32.2°。

（3）固快$C$=3.4～17.5kPa，$\varphi$=19.0°～32.9°。

（4）渗透系数$K_v$=2.97×10$^{-7}$～1.07×10$^{-4}$cm/s，$K_H$=1.36×10$^{-5}$～9.14×10$^{-5}$cm/s。

（5）建议该层承载力标准值$f_k$=110～130kPa。

5. Ⅳ层——淤泥质粉质黏土夹砂（$mQ_4$）

灰色，饱和，软—可塑；以夹薄层粉细砂为主，局部夹中细砂，湿，稍密。顶板高程－31.2～－27.67m。该层未揭穿。主要物理学指标如下：

（1）$\omega$=34.4%～54.1%；$\rho$=1.67～1.82 g/cm$^3$；$e$=1.056～1.493；$E_s$=1.55～3.91MPa；$a_v$=0.595～1.135MPa$^{-1}$。

（2）快剪$C$=7.0～14.8kPa，$\varphi$=3.8°～11.7°。

（3）固快$C$=4.5～14.4kPa，$\varphi$=13.2°～21.8°。

（4）渗透系数$K_v$=1.99×10$^{-7}$～1.30×10$^{-5}$cm/s，$K_H$=1.61×10$^{-7}$～1.92×10$^{-5}$cm/s。

（5）建议该层承载力标准值$f_k$=90～100kPa。

6. Ⅴ层——碎石土

灰—灰黄色，主要为凝灰岩的风化产物组成，碎石以棱角状为主，一般直径为10～20cm。在穿礁岛附近有分布。

7. Ⅵ层——基岩（$K_2t$）

灰色，岩性为熔结凝灰岩，基岩表部呈强风化、岩石硅化严重，呈红色和黄褐色，ZK216有揭露。

**2.3.1.2** 工程地质评价

东西顺堤沿线地基土体主要为Ⅰ层淤泥夹粉土、Ⅱ层淤泥、Ⅲ层含泥粉细砂、Ⅳ层淤泥质粉质黏土夹砂组成。

Ⅰ层淤泥夹粉土较薄，分布不均匀；Ⅱ层淤泥厚达19～25m。均为压缩性高、抗剪强度低、灵敏度高、排水固结缓慢的软土，厚度较大，分布广泛，为内堤沉降、变形和稳定的控制层，必须进行地基处理，并严格控制加荷速率。

Ⅲ层含泥粉细砂物理力学性质较好，中等压缩性，在工程区范围内仅在西顺堤与东顺堤西段有分布，在东顺堤东段此层缺失。下伏Ⅳ层淤泥质粉质黏土夹砂，在整个工程区内分布稳定，且埋深较深，该层也为高压缩性土，对堤防的沉降也会有一定的影响。各土层物理力学指标统计表及建议值表见表2.1和表2.2。

表 2.1　土层物理力学指标统计表

| 土层代号 | 土层名称 | 统计类型 | 含水量 $\omega$/% | 比重 $Gs$ | 湿密度 $\rho$/(g/cm³) | 干密度 $\rho_d$/(g/cm³) | 饱和度 $Sr$/% | 孔隙比 $e$ | 液限 $\omega_L$/% | 塑限 $\omega_P$/% | 塑指 $Ip$ | 液指 $I_L$ | 颗粒分析/% | | | 渗透系数 | | 压缩系数 $a_v$/MPa⁻¹ | 压缩模量 $Es$/MPa | 固结系数 $\times10^{-3}C_v$/(cm²/s) | | | | 快剪 | | 固结快剪 | |
|---|---|---|---|---|---|---|---|---|---|---|---|---|---|---|---|---|---|---|---|---|---|---|---|---|---|---|---|
| | | | | | | | | | | | | | 0.25～0.075mm | 0.075～0.005mm | <0.005mm | 垂直 $K_v$/(cm/s) | 水平 $k_u$/(cm/s) | | | 100kPa | 200kPa | 400kPa | 600kPa | 凝聚力 $c$/kPa | 摩擦角 $\phi$/(°) | 凝聚力 $c$/kPa | 摩擦角 $\phi$/(°) |
| Ⅰ | 淤泥夹粉土 | 有效样本个数 | 61 | 67 | 67 | 67 | 65 | 57 | 66 | 66 | 59 | 47 | 26 | 26 | 26 | 17 | 14 | 67 | 67 | 19 | 19 | 19 | 2 | 16 | 16 | 25 | 25 |
| | | 最大值 | 49.4 | 2.74 | 1.92 | 1.45 | 100.0 | 1.388 | 41.6 | 23.2 | 16.3 | 2.23 | 6.50 | 79.80 | 32.20 | $3.65\times10^{-5}$ | $3.59\times10^{-5}$ | 1.065 | 6.20 | 8.09 | 8.28 | 8.51 | 5.24 | 12.6 | 14.3 | 13.1 | 27.8 |
| | | 最小值 | 32.0 | 2.71 | 1.72 | 1.14 | 94.3 | 0.985 | 27.8 | 17.7 | 11.2 | 1.32 | 0.00 | 61.30 | 17.10 | $1.94\times10^{-7}$ | $1.22\times10^{-7}$ | 0.307 | 2.14 | 1.32 | 1.71 | 1.66 | 4.06 | 3.3 | 3.0 | 2.1 | 16.4 |
| | | 平均值 | 40.3 | 2.72 | 1.81 | 1.29 | 98.7 | 1.142 | 33.3 | 19.9 | 13.5 | 1.63 | 2.28 | 73.62 | 24.07 | $8.22\times10^{-6}$ | $1.24\times10^{-5}$ | 0.632 | 3.60 | 3.51 | 4.11 | 4.52 | 4.65 | 7.9 | 7.1 | 6.0 | 22.6 |
| | | 变异系数 | 0.088 | 0.002 | 0.024 | 0.053 | 0.018 | 0.084 | 0.083 | 0.056 | 0.103 | 0.131 | | | | 1.185 | 0.928 | 0.279 | 0.274 | 0.504 | 0.441 | 0.399 | | 0.381 | 0.175 | 0.359 | 0.034 |
| | | 标准值 | 41.0 | 2.72 | 1.80 | 1.28 | 99.1 | 1.164 | 33.3 | 19.9 | 13.5 | 1.68 | | | | $1.24\times10^{-5}$ | $1.79\times10^{-5}$ | 0.669 | 3.39 | 2.79 | 3.38 | 3.79 | | 7.3 | 6.8 | 5.7 | 22.5 |
| Ⅱ | 淤泥 | 有效样本个数 | 195 | 207 | 207 | 207 | 204 | 166 | 207 | 207 | 165 | 159 | 10 | 10 | 10 | 26 | 35 | 208 | 201 | 88 | 91 | 95 | 16 | 84 | 84 | 88 | 88 |
| | | 最大值 | 59.0 | 2.76 | 1.85 | 1.35 | 100.0 | 1.652 | 55.4 | 28.8 | 26.6 | 1.69 | 28.20 | 76.40 | 36.80 | $8.72\times10^{-7}$ | $4.93\times10^{-6}$ | 1.556 | 3.48 | 1.61 | 2.12 | 2.91 | 1.79 | 14.3 | 6.9 | 14.9 | 24.0 |
| | | 最小值 | 36.1 | 2.72 | 1.63 | 1.04 | 91.1 | 1.097 | 28.5 | 18.0 | 17.1 | 1.00 | 0.00 | 39.70 | 21.80 | $5.80\times10^{-8}$ | $1.00\times10^{-7}$ | 0.436 | 1.68 | 0.31 | 0.37 | 0.43 | 0.50 | 3.4 | 1.3 | 3.3 | 10.1 |
| | | 平均值 | 50.1 | 2.74 | 1.72 | 1.15 | 97.7 | 1.435 | 44.8 | 24.5 | 21.6 | 1.27 | 5.63 | 67.06 | 27.27 | $2.85\times10^{-7}$ | $1.41\times10^{-6}$ | 1.056 | 2.31 | 0.76 | 0.89 | 1.10 | 0.85 | 8.4 | 4.2 | 8.8 | 14.9 |
| | | 变异系数 | 0.106 | 0.004 | 0.027 | 0.066 | 0.025 | 0.079 | 0.126 | 0.092 | 0.111 | 0.116 | | | | 0.770 | 1.147 | 0.227 | 0.174 | 0.383 | 0.468 | 0.551 | 0.401 | 0.069 | 0.057 | 0.094 | 0.022 |
| | | 标准值 | 50.7 | 2.74 | 1.71 | 1.14 | 98.0 | 1.450 | 44.8 | 24.5 | 21.6 | 1.29 | | | | $3.59\times10^{-7}$ | $1.88\times10^{-6}$ | 1.085 | 2.26 | 0.71 | 0.82 | 0.99 | 0.70 | 8.3 | 4.2 | 8.7 | 14.9 |

续表

| 土层代号 | 土层名称 | 统计类型 | 含水量 $\omega$/% | 比重 $Gs$ | 湿密度 $\rho$/(g/cm$^3$) | 干密度 $\rho_d$/(g/cm$^3$) | 饱和度 $Sr$/% | 孔隙比 $e$ | 液限 $\omega_L$/% | 塑限 $\omega_P$/% | 塑指 $Ip$ | 液指 $I_L$ | 颗粒分析/% | | | 渗透系数 | | 压缩系数 $a_v$/MPa$^{-1}$ | 压缩模量 $Es$/MPa | 固结系数 $\times10^{-3}C_v$/(cm$^2$/s) | | | | 快剪 | | 固结快剪 | |
|---|---|---|---|---|---|---|---|---|---|---|---|---|---|---|---|---|---|---|---|---|---|---|---|---|---|---|---|
| | | | | | | | | | | | | | 0.25～0.075mm | 0.075～0.005mm | <0.005mm | 垂直 $K_v$/(cm/s) | 水平 $k_u$/(cm/s) | | | 100kPa | 200kPa | 400kPa | 600kPa | 凝聚力 $c$/kPa | 摩擦角 $\phi$(°) | 凝聚力 $c$/kPa | 摩擦角 $\phi$/(°) |
| Ⅲ | 含泥粉细砂 | 有效样本个数 | 41 | 41 | 41 | 41 | 41 | 35 | 17 | 17 | 12 | 7 | 23 | 23 | 23 | 9 | 3 | 41 | 41 | 4 | 4 | 4 | 2 | 9 | 9 | 16 | 16 |
| | | 最大值 | 36.4 | 2.73 | 2.01 | 1.60 | 100.0 | 0.929 | 35.0 | 20.6 | 14.2 | 1.62 | 33.30 | 84.20 | 33.70 | $1.07\times10^{-4}$ | $9.14\times10^{-5}$ | 0.643 | 15.94 | 7.69 | 8.67 | 7.63 | 5.64 | 12.2 | 32.2 | 17.5 | 32.9 |
| | | 最小值 | 24.2 | 2.69 | 1.81 | 1.37 | 85.9 | 0.689 | 24.9 | 16.6 | 9.0 | 1.01 | 8.60 | 51.60 | 4.40 | $2.97\times10^{-7}$ | $1.36\times10^{-5}$ | 0.110 | 3.04 | 4.96 | 4.36 | 4.30 | 3.86 | 4.1 | 7.2 | 3.4 | 19.0 |
| | | 平均值 | 28.3 | 2.71 | 1.91 | 1.49 | 93.9 | 0.799 | 28.4 | 17.9 | 10.3 | 1.33 | 22.47 | 62.50 | 15.00 | $2.52\times10^{-5}$ | $4.79\times10^{-5}$ | 0.311 | 7.40 | 6.33 | 5.71 | 5.63 | 4.75 | 7.9 | 26.7 | 10.0 | 26.9 |
| | | 变异系数 | 0.099 | 0.003 | 0.026 | 0.045 | 0.040 | 0.086 | 0.109 | 0.069 | 0.131 | 0.158 | | | | 1.319 | | 0.508 | 0.477 | | | | | 1.050 | 0.103 | 0.333 | 0.041 |
| | | 标准值 | 29.1 | 2.70 | 1.90 | 1.47 | 94.9 | 0.819 | 28.4 | 17.9 | 10.3 | 1.49 | | | | $4.59\times10^{-5}$ | | 0.354 | 6.45 | | | | | 5.5 | 26.0 | 9.2 | 26.7 |
| Ⅳ | 淤泥质粉质黏土夹砂 | 有效样本个数 | 42 | 42 | 42 | 42 | 44 | 39 | 42 | 42 | 24 | 34 | 3 | 3 | 3 | 7 | 5 | 41 | 42 | 23 | 24 | 24 | 6 | 12 | 12 | 17 | 17 |
| | | 最大值 | 54.1 | 2.75 | 1.82 | 1.35 | 100.0 | 1.493 | 50.2 | 26.7 | 23.5 | 1.40 | 32.30 | 72.60 | 23.20 | $1.30\times10^{-5}$ | $1.92\times10^{-5}$ | 1.135 | 3.91 | 3.64 | 4.36 | 5.56 | 3.86 | 14.8 | 11.7 | 14.4 | 21.8 |
| | | 最小值 | 34.4 | 2.72 | 1.67 | 1.10 | 87.6 | 1.056 | 32.6 | 19.7 | 17.2 | 0.88 | 4.20 | 53.00 | 14.70 | $1.99\times10^{-7}$ | $1.61\times10^{-7}$ | 0.595 | 1.55 | 0.50 | 0.62 | 0.47 | 1.08 | 7.0 | 3.8 | 4.5 | 13.2 |
| | | 平均值 | 42.5 | 2.74 | 1.74 | 1.22 | 93.7 | 1.256 | 41.0 | 23.0 | 19.8 | 1.11 | 21.67 | 60.43 | 17.87 | $3.24\times10^{-6}$ | $6.28\times10^{-6}$ | 0.813 | 2.79 | 1.69 | 2.01 | 1.91 | 2.27 | 11.0 | 6.9 | 10.2 | 16.5 |
| | | 变异系数 | 0.095 | 0.003 | 0.022 | 0.045 | 0.035 | 0.074 | 0.109 | 0.078 | 0.094 | 0.106 | | | | 1.582 | | 0.177 | 0.167 | 0.464 | 0.546 | 0.730 | 0.532 | 0.195 | 0.128 | 0.168 | 0.040 |
| | | 标准值 | 43.5 | 2.74 | 1.73 | 1.21 | 94.6 | 1.282 | 41.0 | 23.0 | 19.8 | 1.15 | | | | $7.03\times10^{-6}$ | | 0.851 | 2.67 | 1.40 | 1.62 | 1.41 | 1.27 | 10.4 | 6.7 | 9.8 | 16.4 |

**表 2.2**

## 土层物理力学指标建议值表

| 土层代号 | 土层名称 | 含水量 $\omega$/% | 比重 $Gs$ | 湿密度 $\rho$/(g/cm$^3$) | 干密度 $\rho_d$/(g/cm$^3$) | 饱和度 $Sr$/% | 孔隙比 $e$ | 液限 $\omega_L$/% | 塑限 $\omega_P$/% | 塑指 $Ip$ | 液指 $I_L$ | 渗透系数 | | 压缩系数 $a_v$/MPa$^{-1}$ | 压缩模量 $Es$/MPa | 固结系数 $\times10^{-3}Cv$/(cm$^2$/s) | | | | 快剪 | | 固结快剪 | | 承载力标准值/kPa | 钻孔灌柱桩 | | 预制桩 | |
|---|---|---|---|---|---|---|---|---|---|---|---|---|---|---|---|---|---|---|---|---|---|---|---|---|---|---|---|---|
| | | | | | | | | | | | | 垂直 $k_v$/(cm/s) | 水平 $k_H$/MPa | | | 100kPa | 200kPa | 400kPa | 600kPa | 凝聚力 $c$/kPa | 摩擦角 $\phi$/(°) | 凝聚力 $c$/kPa | 摩擦角 $\phi$/(°) | | 侧阻力标准值 $qs$/kPa | 端阻力标准值 $qp$/kPa | 侧阻力标准值 $qs$/kPa | 端阻力标准值 $qp$/kPa |
| Ⅰ | 淤泥夹粉土 | 41.0 | 2.72 | 1.80 | 1.28 | 99.0 | 1.164 | 33.5 | 20.0 | 13.5 | 1.68 | $1.24\times10^{-5}$ | $1.79\times10^{-5}$ | 0.768 | 2.99 | 2.72 | 3.30 | 3.74 | | 7.2 | 5.3 | 7.5 | 18.1 | 60～80 | 8～10 | | 8～10 | |
| Ⅱ | 淤泥 | 50.7 | 2.74 | 1.71 | 1.15 | 97.8 | 1.448 | 44.7 | 24.5 | 21.6 | 1.30 | $4.47\times10^{-6}$ | $5.93\times10^{-6}$ | 1.240 | 2.07 | 0.87 | 0.97 | 1.12 | 0.70 | 8.0 | 2.8 | 8.1 | 14.9 | 50～60 | 6～9 | | 6～9 | |
| Ⅲ | 含泥粉细砂 | 29.1 | 2.70 | 1.90 | 1.47 | 94.9 | 0.819 | 28.4 | 17.9 | 10.3 | 1.49 | $4.59\times10^{-5}$ | $1.08\times10^{-4}$ | 0.354 | 6.45 | 4.97 | 3.38 | 4.00 | | 5.9 | 20.0 | 7.4 | 27.3 | 130～160 | 20～25 | 300 | 20～25 | 700 |
| Ⅳ | 淤泥质粉质黏土夹砂 | 43.5 | 2.73 | 1.74 | 1.22 | 94.6 | 1.282 | 41.0 | 23.0 | 19.8 | 1.15 | $7.03\times10^{-6}$ | $1.38\times10^{-5}$ | 0.944 | 2.59 | 1.46 | 1.62 | 1.41 | 1.27 | 9.4 | 8.3 | 9.0 | 16.9 | 90～100 | 10～15 | | 10～15 | |
| Ⅴ | 基岩 | | | | | | | | | | | | | | | | | | | | | | | | | 1500 | | 6000 |

### 2.3.2 施工道路工程地质条件

#### 2.3.2.1 工程地质条件

工程区在勘探深度范围内，自上而下可分为以下几层。

1. Ⅰ层——淤泥夹粉土（$mQ_4$）

灰—青灰色，局部灰黄色，粉土，湿，稍密—松散；淤泥，饱和，流塑—软塑，高压缩性，呈团块状分布，局部夹白色贝壳碎片。分布不均，厚0～3.80m。该层土质均匀性差，局部淤泥与粉土的相对含量相差较大，粉土含量在20%～40%。主要物理力学指标如下：

（1）$\omega$=32.0%～49.4%；$\rho$=1.72～1.92 g/cm$^3$；$e$=0.985～1.388；$E_s$=2.14～6.20MPa；$a_v$=0.307～1.065MPa$^{-1}$。

（2）快剪$C$=3.3～12.6kPa；$\varphi$=3.0°～14.3°。

（3）固快$C$=2.1～13.1kPa，$\varphi$=14.6°～27.8°。

（4）渗透系数$K_v$=1.94×10$^{-7}$～3.65×10$^{-5}$cm/s，$K_H$=1.22×10$^{-7}$～3.59×10$^{-5}$cm/s。

（5）静力触探$q_c$=0.20～0.33MPa，$f_s$=4.53～9.83kPa。

（6）十字板试验$C_u$=5.0～10.0kPa，建议$C_u$=（4.896+1.355$Z$）kPa。

（7）建议该层承载力标准值$f_k$=60～80kPa。

2. Ⅱ层——淤泥（$mQ_4$）

灰色—青灰色，饱和，软塑，局部夹薄层粉土、粉细砂。在东顺堤轴线交界区域出露地表，其表层厚约0.5～1.00m为新近沉积的浮泥，含水量高，孔隙比大，性质较差。该层分布稳定，层厚19.40～24.20m，顶板高程−6.13～−2.36m。主要物理力学指标如下：

（1）$\omega$=36.1%～59.0%；$\rho$=1.63～1.85 g/cm$^3$；$e$=1.097～1.652；$E_s$=1.68～4.76MPa；$a_v$=0.436～1.556MPa$^{-1}$。

（2）快剪$C$=3.4～14.3kPa，$\varphi$=1.3°～6.9°。

（3）固快$C$=3.3～14.9kPa，$\varphi$=10.1°～24.0°。

（4）渗透系数$K_v$=5.80×10$^{-8}$～2.82×10$^{-5}$cm/s，$K_H$=1.00×10$^{-7}$～3.03×10$^{-5}$cm/s。

（5）静力触探：$q_c$=0.35～0.47MPa，$f_s$=8.47～9.41kPa。

（6）十字板试验$C_u$=10.0～30.0 kPa，建议$C_u$=(4.579+1.003Z）kPa。

（7）建议该层承载力标准值$f_k$=50～60kPa。

3. $Ⅱ_{SL}$层——粉土（$mQ_4$）

灰色，湿，稍密—松散，局部位置夹少量淤泥。ZK001有揭露，该层呈透镜体状分布于Ⅱ层中，该层厚一般0～0.60m。

4. Ⅲ层——含泥粉细砂（$mQ_4$）

灰色，湿，稍密—中密，中等压缩性。夹少量淤泥团块。厚3.50～9.00m，顶板高程−24.90～−21.70m。主要物理力学指标如下：

(1) $\omega=24.2\sim36.4\%$；$\rho=1.81\sim2.01\ g/cm^3$；$e=0.689\sim0.929$；$E_s=3.04\sim15.94MPa$；$a_v=0.110\sim0.643MPa^{-1}$。

(2) 快剪 $C=4.1\sim12.2kPa$，$\varphi=7.2°\sim32.2°$。

(3) 固快 $C=3.4\sim17.5kPa$，$\varphi=19.0°\sim32.9°$。

(4) 渗透系数 $K_v=2.97\times10^{-7}\sim1.07\times10^{-4}cm/s$，$K_H=1.36\times10^{-5}\sim9.14\times10^{-5}cm/s$。

(5) 建议该层承载力标准值 $f_k=110\sim130kPa$。

**2.3.2.2** 工程地质评价

施工道路地基土体主要为Ⅰ层淤泥夹粉土、Ⅱ层淤泥和Ⅲ层含泥粉细砂组成。

Ⅰ层淤泥夹粉土较薄，分布不均匀；Ⅱ层淤泥厚达19～24m，该层局部夹粉细砂透镜体。Ⅰ层、Ⅱ层均为压缩性高、抗剪强度低、灵敏度高、排水固结缓慢的软土，为施工道路沉降、变形和稳定的控制层，必须进行地基处理，并严格控制加荷速率。Ⅲ层含泥粉细砂物理力学性质较好，中等压缩性，在施工道路堤线均有分布。

各土层物理力学指标统计表及建议值表见表2.1和表2.2。

## 2.4 天然建筑材料

工程所需抛石料159.04万$m^3$，块石面石料为25.23万$m^3$，闭气土163.29万$m^3$，砂4.11万$m^3$。本阶段对天然建筑材料进行了详查，选取了抛石料场、块石料场共3处，闭气土料场1处。

### 2.4.1 石料

1. 石料位置及储量

1号料场位于穿礁岛，岩性为流纹质含角砾玻屑熔结凝灰岩，无用层厚度约0.8～3.5m，抛石料储量约260万$m^3$，运距小于1.0km。此料场目前已经在开采使用。

2号料场位于下畔，岩性为玻屑熔结凝灰岩，无用层厚度约0.5～1.5m，石料储量大于500万$m^3$，块石料可从中捡集，预计储量大于70万$m^3$，运距约8.0～10.0km。

总计抛填石料储量大于690万$m^3$，块石料储量大于70万$m^3$，满足设计要求。

2. 石料建议参数

工程区料场石料为熔结凝灰岩、流纹质含角砾玻屑熔结凝灰岩、熔结角砾凝灰岩。新鲜岩石密度$\rho_d=2.55\sim2.6g/cm^3$，抗压强度$R_c=86\sim96MPa$，饱和抗压强度$R_w=72\sim82MPa$，软化系数$K_d=0.75\sim0.82$。

料场的储量及质量均满足设计要求。下畔、达岛料场均有乡村公路到达，交通较为方便。

### 2.4.2 闭气土料

本工程所需闭气土料可采用围区内滩涂上的淤泥，储量丰富能满足设计要求。为保证堤基稳定，确保工程安全，应保证与拟建海堤有一定距离。

### 2.4.3 砂

工程区附近无工程所需的砂料料场，所需砂料需外购。

## 2.5 结论

(1) 工程区区域稳定性较好，根据GB 18306—2001《中国地震动参数区划图(1/400

万)》地震动峰值加速度小于 0.05g，场地地震动反应谱特征周期基岩 0.35s，软土为 0.65s。

(2) 堤基土主要由Ⅰ层淤泥夹粉土、Ⅱ层淤泥、Ⅲ层含泥粉细砂、Ⅳ层淤泥质粉质黏土夹砂组成。堤基 20m 以浅土层均为低强度、高压缩性土，性质差，排水固结条件差，Ⅰ、Ⅱ层为堤基的稳定和沉降的控制层，须进行地基处理，建议采用排水插板法或爆炸挤淤置换法处理。施工时应严格控制填筑速率，保证工程质量。

(3) 本工程所需石料、闭气土料可就近采用，但闭气土开采时应与堤基保持安全距离，砂料需外购。

# 3 设 计 依 据

## 3.1 工程等别及建筑物级别

×××围垦工程围垦海涂总面积近 1.06 万亩，工程任务主要为增加土地资源，发展现代化工业园区。由于工程所处临海市为浙江中部沿海地区，经济发达、人口密集，按照《浙江省海塘工程技术规定（1999）》、GB 50286—98《堤防工程设计规范》和可行性研究报告批复意见，确定工程等别为Ⅲ等，海堤、水闸等主要建筑物级别为 3 级，施工道路、围区道路、河道等次要建筑物为 4 级。围堰、施工道路等临时建筑物为 5 级。

## 3.2 洪（潮）水标准

根据 SL 252—2000《水利水电工程等级划分及洪水标准》、《浙江省海塘工程技术规定》和可行性研究报告批复意见，确定建筑物设计洪（潮）水标准见表 3.1。

**表 3.1　　建筑物设计洪（潮）水标准**

| 类别 | 建筑物名称 | 建筑物级别 | 设计洪（潮）水标准（重现期/a） |
|---|---|---|---|
| 主要建筑物 | 海堤 | 3 | 50（允许越浪） |
| | 水闸 | 3 | 50 |
| 次要建筑物 | 施工道路、围区道路 | 4 | 20 |
| | 围区河道 | 4 | 20 |
| 临时建筑物 | 围堰 | 5 | 5 |
| | 施工道路 | 5 | 5 |

海堤、水闸的挡潮标准为 50 年一遇高潮位与同频率风浪组合，其中海堤按允许部分越浪设计。围区道路、河道、施工道路防洪标准为 20 年一遇；围堰、施工道路防洪挡潮标准为 5 年一遇。龙口度汛标准为 10 年一遇大潮潮型，堵口合龙按非汛期 5 年一遇潮型考虑。围区排涝标准为 20 年一遇 24h 暴雨当天排出不受淹。

## 3.3 设计基本资料

1. 设计潮水位及波浪要素

设计潮水位及波浪要素见表 3.2。

**表 3.2　　×××海堤设计潮水位及波浪要素表**

| 位　　置 | | 东顺堤（穿礁闸） | | 西顺堤 | | 西直堤 | |
|---|---|---|---|---|---|---|---|
| 波向 | | E—ESE | SE—SSE | E—ESE | SE—SSE | S—SSW | SW—WSW |
| 设计潮位/m | | 5.31 | 5.31 | 5.31 | 5.31 | 5.31 | 5.31 |
| 频率/% | | 2 | 2 | 2 | 2 | 2 | 2 |
| 波浪性质 | | 涌浪 | | 涌浪 | | 风浪 | |
| 平均波周期/s | | 14.80 | 14.10 | 14.80 | 14.10 | 3.6 | 3.3 |
| 破碎波高/m | | 4.03 | 4.03 | 3.79 | 3.79 | 2.59 | 2.59 |
| 塘前波长/m | | 117.54 | 111.73 | 114.09 | 108.50 | 19.8 | 17.4 |
| 平均波高$\overline{H}_{前}$/m | | 1.67 | 1.29 | 1.76 | 1.27 | 0.65 | 0.57 |
| 塘前设计波高/m | $F=1\%$ | 3.37 | 2.71 | 3.46 | 2.66 | 1.4 | 1.25 |
| | $F=2\%$ | 3.17 | 2.54 | 3.26 | 2.49 | 1.31 | 1.16 |
| | $F=4\%$ | 2.94 | 2.35 | 3.04 | 2.30 | — | — |
| | $F=5\%$ | 2.87 | 2.28 | 2.96 | 2.24 | 1.17 | 1.04 |
| | $F=13\%$ | 2.48 | 1.95 | 2.58 | 1.92 | 0.99 | 0.88 |

2. 海堤地基土层物理力学指标

海堤地基土层物理力学指标见表 3.3。

**表 3.3　　海堤地基土层物理力学指标**

| 土层代号 | 土层名称 | 湿密度 $\rho$/(g/cm$^3$) | 压缩系数 $a_v$/MPa$^{-1}$ | 压缩模量 $Es$/MPa | 固结系数 (100kPa) $Cv$/(cm$^2$/s) | 快剪 | | 固结快剪 | |
|---|---|---|---|---|---|---|---|---|---|
| | | | | | | 凝聚力 C/kPa | 摩擦角 $\phi$/(°) | 凝聚力 C/kPa | 摩擦角 $\phi$/(°) |
| Ⅰ | 淤泥夹粉土 | 1.80 | 0.768 | 2.99 | $2.72\times10^{-3}$ | 7.2 | 5.3 | 7.5 | 18.1 |
| Ⅱ | 淤泥 | 1.71 | 1.240 | 2.07 | $0.87\times10^{-3}$ | 8.0 | 2.8 | 8.1 | 14.9 |
| Ⅲ | 含泥粉细砂 | 1.90 | 0.354 | 6.45 | $4.97\times10^{-3}$ | 5.9 | 20.0 | 7.4 | 27.3 |
| Ⅳ | 淤泥质粉质黏土夹砂 | 1.74 | 0.944 | 2.59 | $1.46\times10^{-3}$ | 9.4 | 8.3 | 9.0 | 16.9 |

3. 海堤安全加高

根据《浙江省海塘工程技术规定》，3 级海堤允许部分越浪安全加高取 0.4m。

4. 海堤抗滑稳定安全系数

海堤抗滑稳定安全系数见表 3.4。

**表 3.4　　海堤抗滑稳定安全系数**

| 项目 | 工　　况 | |
|---|---|---|
| | 正常运用 | 非常运用 |
| 3 级海堤 | 1.20 | 1.10 |
| 4 级海堤 | 1.15 | 1.05 |

# 4 工程总布置

工程地处临海市杜桥镇，整个围区涂面从北向南由西向东倾斜，涂面高程变化较大。工程主要建筑物由海堤和水闸等组成。

堤线布置应兼顾减小施工难度、避免对椒江行洪排涝及航道的影响、便于将来布置港口码头设施等因素。根据实际地形，选择了内线、中线和外线等3条堤线方案进行了围涂规模论证，从技术经济性和泥沙冲淤数模分析等因素综合比较，推荐中线方案，围垦面积1.06万亩，堤线总长7410m，即西直堤长200m、西顺堤长2060m、东顺堤长5150m。围区施工道路长1610m。

西直堤长200m，涂面高程2.3～2.6m；西顺堤长2060m，涂面高程0.0～2.3m；东顺堤长5150m，涂面高程－1.6～0.0m。为了便于工程分期开发，结合施工道路的需要在围区中间布置一条施工道路，长1610m，涂面高程－1.0～1.3m。施工道路将围区分成东西两片，东片面积4500亩，平均涂面高程为0.0m；西片围区面积6100亩，平均涂面高程为1.0m。

# 5 海堤设计

## 5.1 堤顶高程

根据《规定》，海堤堤顶高程计算公式为

$$Z_p = H_p + R_{F\%} + \Delta H \tag{5.1}$$

式中 $Z_p$——设计频率堤顶高程，m；

$H_p$——设计频率高潮位，m；

$R_{F\%}$——按设计波浪计算的累积频率为$F\%$的波浪爬高值，m；按允许部分越浪海堤计算，取$F=13$；

$\Delta H$——安全加高值，按Ⅲ级允许部分越浪海堤考虑，取0.4m。

堤顶高程在高出设计高潮位以上$0.5H_{1\%}$。

### 5.1.1 波浪爬高值$R_{F\%}$计算

（1）单坡海塘上的波浪爬高值按式（5.2）计算：

$$R_{F\%} = K_\Delta K_v R_0 H_{1\%} K_F \tag{5.2}$$

式中 $K_\Delta$——糙渗系数，灌砌块石面层$K_\Delta=0.80$，混凝土面板$K_\Delta=0.9$，四脚空心块$K_\Delta=0.55$，栅栏板$K_\Delta=0.55$，当采用多种护面组合时，$K_\Delta$按各护面比例换算；

$K_v$——与风速及塘前水深有关的系数，由$\dfrac{V}{\sqrt{gd_{前}}}$，查《规定》可得；

$R_0$——$K_\Delta=1.0$，$H=1.0$m时的爬高值，查《规定》附图十一；

$H_{1\%}$——波高累积率为$F=1\%$的波高值，当$H_{1\%}>H_b$时，则$H_{1\%}$取$H_b$值；

$K_F$——爬高累积频率换算系数，按《规定》表5.2.1-3确定。

（2）复式断面波浪爬高计算。对于下部为斜坡式，上部为陡墙式（$m_上\leqslant 0.4$），上下

坡之间带平台的复式断面爬高计算按《规定》5.2.5 条确定。

当 $d \geqslant 2H$，$-1.0 \leqslant d_w/H \leqslant 1.0$ 时，爬高计算公式为

$$R_{F\%}=1.36\left(1.5HK_z\text{th}\frac{2\pi d}{L}-d_w\right) \tag{5.3}$$

系数 $K_z$ 根据 $\zeta=\left(\frac{d_w}{d}\right)\left(\frac{d}{H}\right)^{2\pi\frac{H}{L}}$ 按《规定》图 5.2.5－2 确定。

有镇压平台的风浪爬高考虑压载系数 $k_y$。当波浪斜向作用时，考虑波向修整系数 $k_\beta$。

### 5.1.2　越浪量计算

对于允许部分越浪的海塘，根据《浙江省海塘工程技术规定》，尚应验算设计波浪下的越浪量是否满足最大允许越浪量 0.05m³/(s・m)。无风条件下的越浪量计算公式为

$$\frac{q}{T\overline{H}g}=A\exp\left(-\frac{BH_c}{K_\Delta T\sqrt{g\overline{H}}}\right) \tag{5.4}$$

式中　$q$——单位时间单位宽海塘上的越浪水量，m³/(s・m)；

$H_c$——防浪墙顶至设计高潮位的高度，m；

$\overline{H}$——塘前平均波高，m；

$T$——塘前波周期，s；

$g$——重力加速度，9.81m/s²；

$K_\Delta$——糙渗系数。

有风条件下的越浪量等于无风越浪量乘风校正因子 $K$。

$$K=1.0+w_f\left(\frac{H_c}{R}+0.1\right)\sin\theta \tag{5.5}$$

### 5.1.3　堤顶高程确定

各堤段波浪爬高及越浪量计算成果见表 5.1。

**表 5.1　　海堤波浪爬高及越浪量计算成果表**

| 项　目 | | 西直堤 | | 西顺堤 | 东顺堤 | |
|---|---|---|---|---|---|---|
| 堤轴线法向方向/(°) | | 237.5 | | 179.6 | 168.8 | |
| 波向 | | S—SSW | SW—WSW | SE—SSE | E—ESE | SE—SSE |
| 波浪性质 | | 风浪 | 风浪 | 涌浪 | 涌浪 | 涌浪 |
| 设计高潮位 $H_p$/m | | 5.31 | | 5.31 | 5.31 | |
| 计算涂面高程/m | | 2.5 | | 0.0 | −1.0 | |
| 平均波高 $H$/m | | 0.65 | 0.57 | 1.27 | 1.67 | 1.29 |
| 平均波周期 $T$/s | | 3.6 | 3.3 | 14.1 | 14.8 | 14.1 |
| 波长 $L$/m | | 19.8 | 17.4 | 108.5 | 117.54 | 111.73 |
| 设计波高 $H_F$ /m | $F$=1% | 1.4 | 1.25 | 2.66 | 3.37 | 2.71 |
| | $F$=2% | 1.31 | 1.16 | 2.49 | 3.17 | 2.54 |
| | $F$=13% | 0.99 | 0.88 | 1.92 | 2.48 | 1.95 |
| 护面型式 | | 混凝土灌砌石 | | 混凝土栅栏板 | 混凝土栅栏板 | |

续表

| 项　　目 | | 西直堤 | | 西顺堤 | 东顺堤 | |
|---|---|---|---|---|---|---|
| 爬高计算值/m | | 1.31 | 1.3 | 2.01 | 2.24 | 1.94 |
| 安全加高值 $\Delta H$/m | | 0.4 | | 0.4 | 0.4 | |
| $H_p+R_{F\%}+\Delta H$/m | | 7.02 | 7.01 | 7.72 | 7.95 | 7.65 |
| 拟定防浪墙顶高程/m | | 7.3 | | 7.8 | 8.0 | |
| 无风越浪量/[$m^3$/(s·m)] | | $6.88\times10^{-5}$ | $1.45\times10^{-5}$ | 0.0089 | 0.0085 | 0.0093 |
| 有风越浪量/[$m^3$/(s·m)] | | $3.91\times10^{-4}$ | $8.52\times10^{-5}$ | 0.047 | 0.045 | 0.048 |
| 设计防浪墙顶高程/m | | 7.3 | | 7.8 | 8.0 | |
| 设计堤顶高程/m | | 6.5 | | 7.0 | 7.2 | |
| 物模越浪量成果/[($m^3$/s·m)] | 无风 | — | | 0.027 | — | <0.026 |
| | 有风 | — | | 0.047 | — | <0.048 |

根据上述计算，在设计波浪作用下，取西直堤防浪墙墙顶高程7.3m，西顺堤防浪墙墙顶高程采用7.8m，东顺堤防浪墙墙顶高程8.0m，计算各堤越浪量均不大于0.05$m^3$/(s·m)，满足规范要求。

为验证海堤设计堤顶高程，业主委托南京水利科学研究院进行了波浪模型试验。波浪模型试验表明设计采用的防浪墙顶高程满足越浪量要求，护面结构各部位满足各级水位及相应波浪要素作用下的稳定要求。

因此，确定各海堤防浪墙顶高程分别为西直堤7.3m，西顺堤7.8m，东顺堤8.0m。

施工道路在施工期用作施工临时道路，海堤施工候潮作业，堤顶高程确定为4.0m。

## 5.2　海堤基础处理方案选择

根据地质勘探报告，海堤地基为高含水量、高压缩性、高灵敏度、低强度的淤泥，工程地质条件差，为保证堤身稳定、控制工后沉降，堤基需进行处理。

海堤基础处理对塑料排水板法和爆炸挤淤置换法进行了技术经济比较。由于工程石料场较远，爆炸挤淤置换法投资较塑料排水板法投资增加较多，因此，推荐采用塑料排水板法。

根据进一步的地质勘探成果，对上述两方案做进一步的比较。选定东顺堤−1.0m涂面（桩号东顺3+000）拟定各方案的典型断面进行比较。见图5.1和图5.2。

1. 爆炸挤淤置换方案

根据波浪爬高计算，防浪墙顶高程8.2m，堤顶高程7.4m。爆炸挤淤起爆高程4.5m，外坡1∶1.8，内坡1∶1.5，爆炸深度17m，爆炸落底为Ⅱ淤泥层，爆炸底宽18.0m，两翼宽42.3m，外海侧堤脚设4.0m宽爆填抛石平台。

2. 塑料排水板方案

根据波浪爬高计算，防浪墙顶高程8.00m，堤顶高程7.20m。塑料排水板法在处理区内先铺放一层30kN/m有纺土工布，再在其上铺设厚80cm的碎石垫层，然后进行塑料排水板插设，待插板结束后，在碎石垫层上铺设一层120kN/m高强机织土工布。排水板插设间距为1.4m，正方形排列。根据稳定计算，结合消浪平台布置，外坡在高程4.5m处

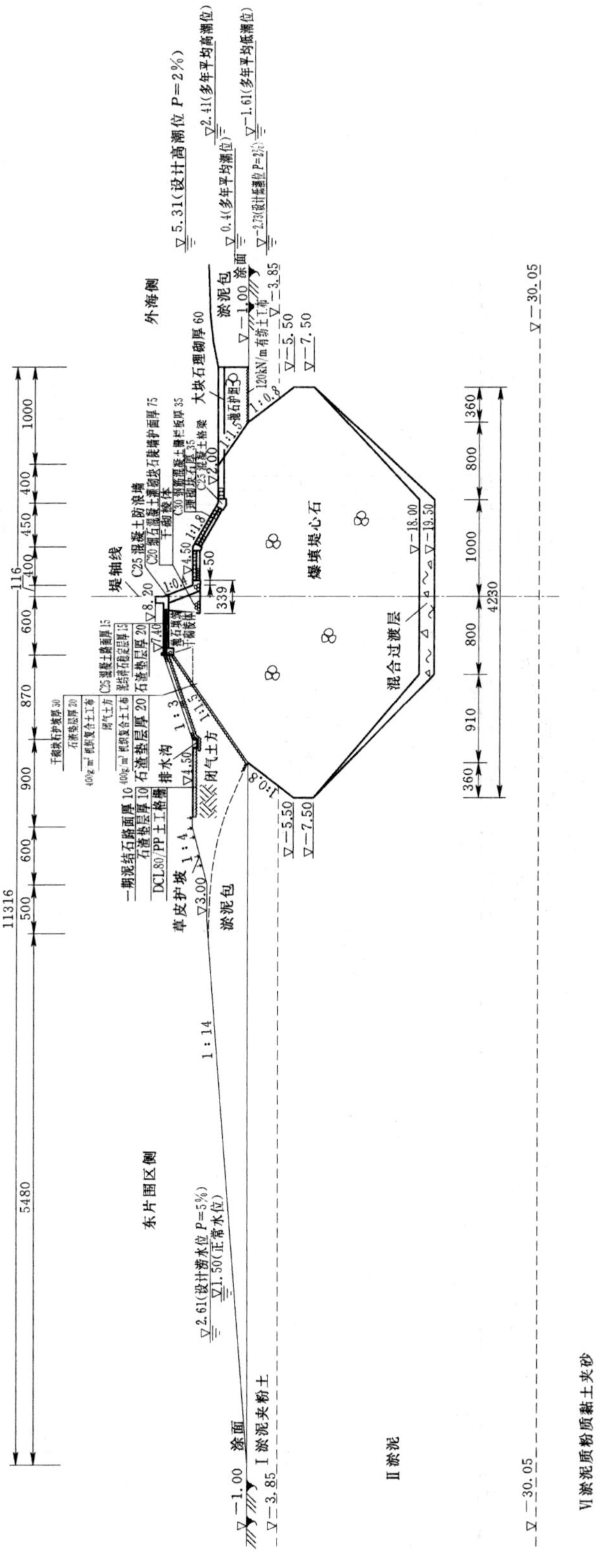

图 5.1　基础处理比较断面图（爆炸挤淤置换法）

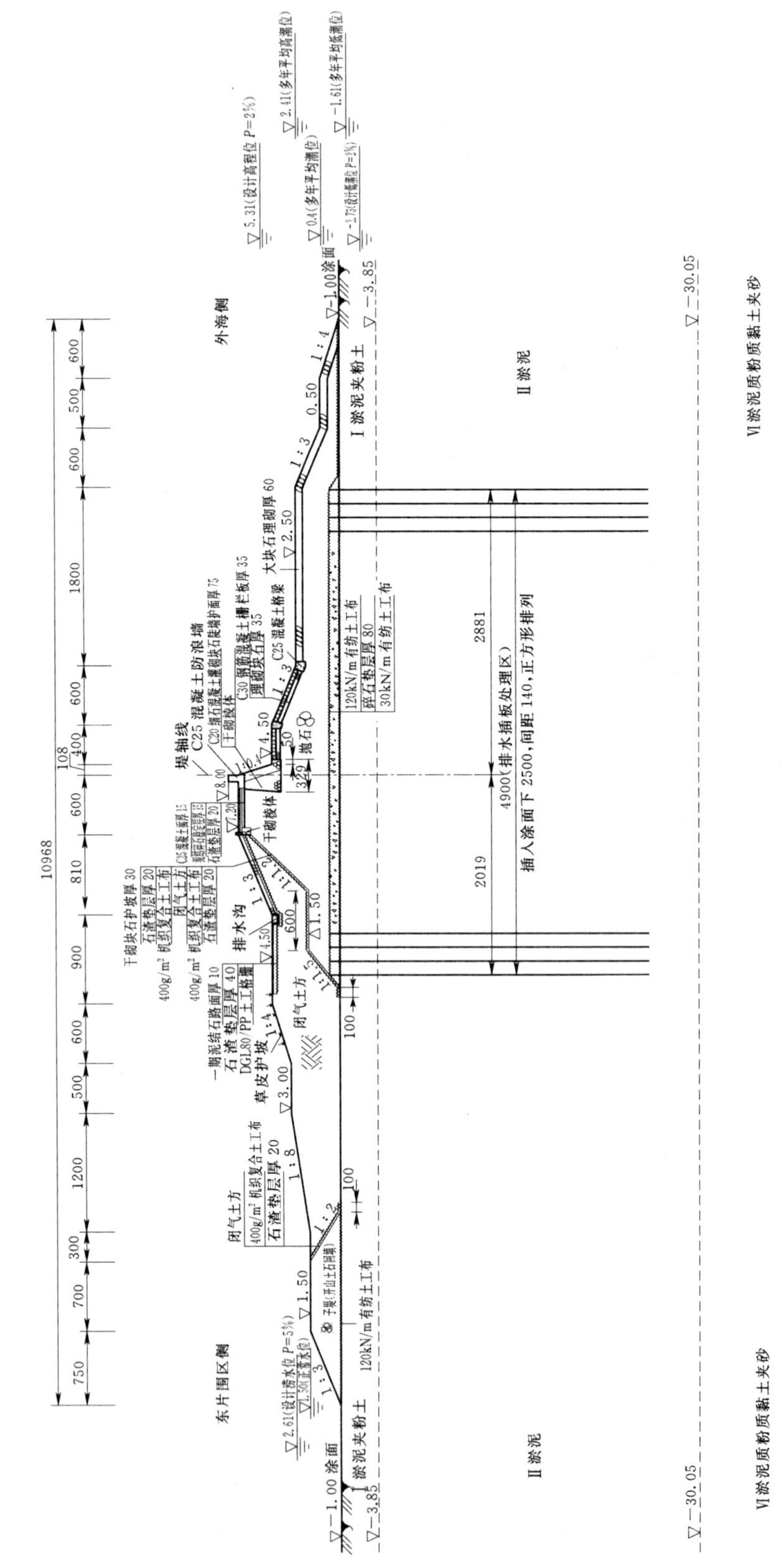

图 5.2　基础处理推荐断面图(排水插板、组合式、栅栏板)

布置 4.0m 宽的消浪平台，2.5m 高程处设置 18.0m 宽的镇压平台，排水板处理区总宽 49.0m，插入涂面以下 25m 深处。

上述方案投资比较见表 5.2，两方案的优缺点比较见表 5.3。

**表 5.2　　海堤基础处理方案投资比较表**

| 工程或费用名称 | 单价/元 | 数量 | 合价/元 | 数量 | 合价/元 |
|---|---|---|---|---|---|
| | | 排水插板 | | 爆炸挤淤 | |
| 水下抛石（0.40m 以下）/$m^3$ | 33.77 | 69.93 | 2361 | — | — |
| 水上抛石（0.40m 以上）/$m^3$ | 30.97 | 197.72 | 6123 | — | — |
| 爆填堤心石/$m^3$ | 39.00 | — | — | 772.97 | 30146 |
| 抛石填筑/$m^3$ | 33.77 | — | — | 14.42 | 487 |
| 抛石护坦/$m^3$ | 62.25 | — | — | 27.27 | 1697 |
| 碎石垫层/$m^3$ | 58.23 | 46.77 | 2723 | — | — |
| C20 细石混凝土灌砌块石陡墙护面/$m^3$ | 227.52 | 2.94 | 669 | 3.13 | 712 |
| C25 混凝土防浪墙/$m^3$ | 379.76 | 1.28 | 486 | 1.28 | 486 |
| 理砌块石/$m^3$ | 92.38 | 24.72 | 2283 | 11.30 | 1044 |
| C25 混凝土格梁/$m^3$ | 374.21 | 1.34 | 503 | 1.35 | 507 |
| C30 混凝土栅栏板护面/$m^3$ | 445.43 | 2.31 | 1029 | 1.84 | 818 |
| C25 混凝土路肩石（50×50×20）/$m^3$ | 609.63 | 0.11 | 64 | 0.11 | 64 |
| C25 路面混凝土/$m^3$ | 373.76 | 0.76 | 283 | 0.76 | 283 |
| 泥结石路面/$m^3$ | 153.32 | 0.74 | 113 | 0.74 | 113 |
| 钢筋制安/t | 5263.80 | 0.04 | 227 | 0.037 | 195 |
| 400g/$m^2$ 机织复合土工布/$m^2$ | 15.27 | 40.51 | 619 | 36.65 | 560 |
| 30kN/m 有纺土工布/$m^2$ | 8.17 | 57.60 | 471 | — | — |
| 120kN/m 有纺土工布/$m^2$ | 12.43 | 92.82 | 1154 | 6.09 | 76 |
| 80kN/m 土工格栅/$m^2$ | 16.84 | 7.35 | 124 | 7.35 | 124 |
| 排水插板/m | 4.48 | 696.60 | 3121 | — | — |
| 闭气土方/$m^3$ | 16.21 | 204.50 | 3315 | 90.06 | 1460 |
| M10 浆砌块石排水沟/$m^3$ | 227.09 | 0.63 | 143 | 0.63 | 143 |
| 干砌棱体/$m^3$ | 92.38 | 4.40 | 406 | 5.60 | 517 |
| 石渣垫层/$m^3$ | 49.56 | 10.20 | 505 | 8.97 | 445 |
| 干砌块石/$m^3$ | 131.20 | 2.53 | 332 | 2.85 | 374 |
| 泥结石稳定层/$m^3$ | 193.60 | 0.76 | 146 | 0.76 | 146 |
| 草皮护坡/$m^2$ | 8.00 | 12.81 | 102 | 12.81 | 102 |
| 抛石子堤（土石回填）/$m^3$ | 30.97 | 50.69 | 1570 | — | — |
| 合计 | | | 28873 | | 40498 |

表 5.3　　海堤基础处理方案优缺点比较表

| 地基处理方法 | 优　点 | 缺　点 |
|---|---|---|
| 塑料排水板法 | (1) 石方用量少，施工期对环境影响较小；<br>(2) 对地基土扰动小；<br>(3) 计算理论成熟；<br>(4) 施工经验丰富；<br>(5) 投资较小 | (1) 施工工序多，需根据地基强度分级加载，并视位移变化控制加荷速率；<br>(2) 与爆炸挤淤置换法相比，工后沉降稍大；<br>(3) 度汛风险较大 |
| 爆炸挤淤置换法 | (1) 工后沉降量小；<br>(2) 施工工序少，施工受波浪潮汐影响小；<br>(3) 度汛风险小，堵口施工方便 | (1) 石方用量大；<br>(2) 施工技术要求高，需由专业技术队伍承担；<br>(3) 投资大 |

塑料排水插板法处理地基，施工技术成熟，典型断面每延米海堤投资 28873 元，比爆炸置换法投资 40498 元节省 11625 元。爆炸置换法爆填石方大，更适合石料储料丰富、运距短的条件，而本工程的石料场集中在东侧达岛山，运距较远，故推荐堤基处理采用塑料排水板法。

## 5.3　海堤断面型式选择

根据当地材料、工程地质条件，海堤采用具有抵御风浪、潮水冲击性能好和适合海浪作用条件下施工等优点的土石混合堤，即外海侧采用石坝挡潮防浪，内侧采用海涂泥防渗闭气。

根据地质条件，对斜坡式和组合式断面型式做进一步比较。选东顺堤－1.0m 涂面（桩号东顺 3＋000）海堤断面作为典型断面进行比较。

1. 斜坡式断面

根据风浪爬高计算，斜坡式海堤防浪墙顶高程为 8.50m，堤顶高程为 7.70m。海堤外海侧高程 4.50m 处设置 4.0m 宽的消浪平台，根据稳定需要，在高程 2.50m 处设 18.0m 宽的抛石镇压平台。4.50m 高程平台与堤顶之间用 1∶2.5 的斜坡连接，平台与镇压层之间用 1∶3 的斜坡连接。排水插板处理范围为 57.4m，插入涂面以下最大深度 25m。

斜坡式海堤结构如图 5.3 所示，每延米工程量见表 5.4。

2. 组合式断面

根据风浪爬高计算，防浪墙高程为 8.00m，堤顶高程 7.20m。海堤在高程 4.50m 处设 4.0m 宽的消浪平台，自堤顶至消浪平台设 1∶0.4 的混凝土灌砌块石陡墙，根据稳定需要，在 2.50m 高程处设 18.0m 宽的抛石镇压平台，消浪平台与镇压平台之间用 1∶3 的斜坡连接。排水板处理区总宽 49.0m，插入涂面以下最大深度 25m。

组合式海堤断面结构见图 5.3，海堤每延米工程量见表 5.4。

3. 方案比较

两种断面型式海堤投资比较见表 5.4，结构型式优缺点比较见表 5.5。

由于组合式波浪爬高较小，投资最小，因此，推荐组合式断面。

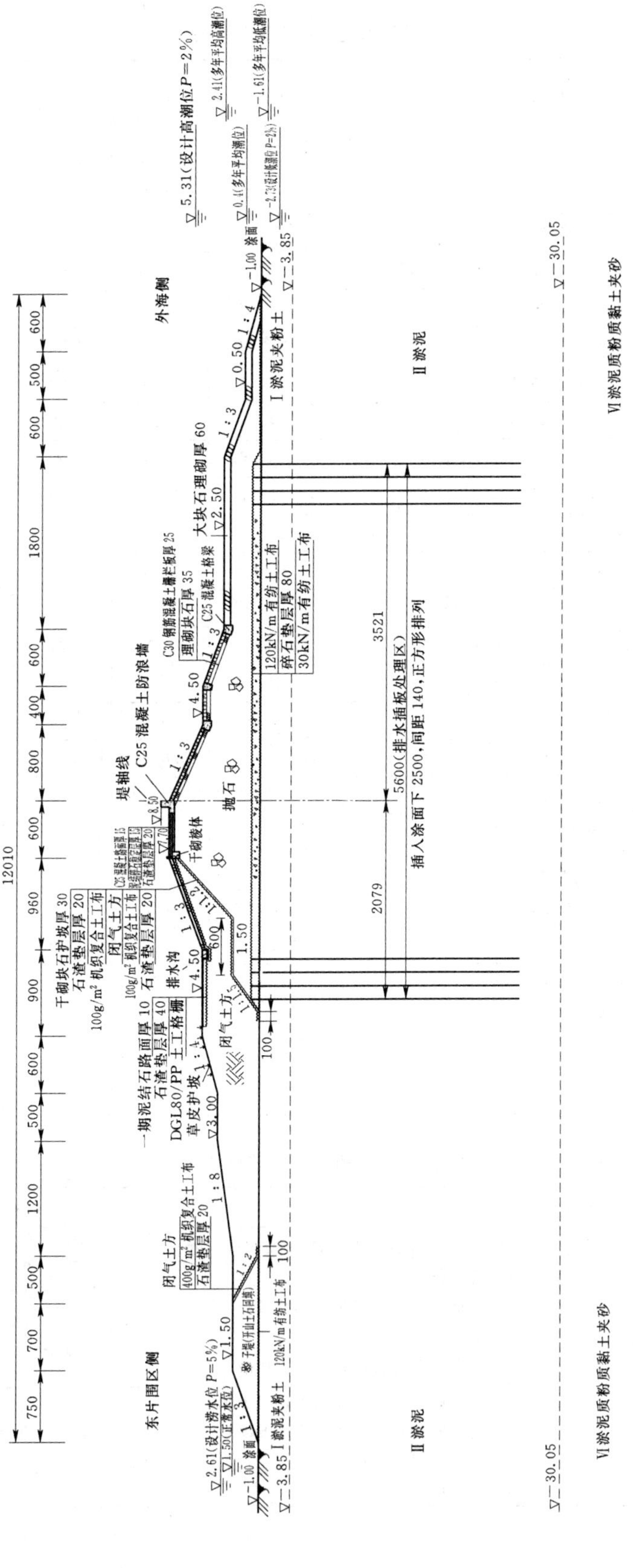

图 5.3　堤型比较断面图(斜坡式)

**表 5.4　　海堤断面型式投资比较表**

| 工程或费用名称 | 单价/元 | 数量 | 合价/元 | 数量 | 合价/元 |
|---|---|---|---|---|---|
| | | 组合式 | | 斜坡式 | |
| 水下抛石（0.40m以下）/m³ | 33.77 | 69.93 | 2361 | 77.98 | 2633 |
| 水上抛石（0.40m以上）/m³ | 30.97 | 197.72 | 6123 | 274.20 | 8492 |
| 碎石垫层/m³ | 58.23 | 46.77 | 2723 | 53.27 | 3102 |
| C20细石混凝土灌砌块石陡墙护面/m³ | 227.52 | 2.94 | 669 | — | — |
| C25混凝土防浪墙/m³ | 379.76 | 1.28 | 486 | 1.28 | 486 |
| 理砌块石/m³ | 92.38 | 24.72 | 2283 | 27.55 | 2545 |
| C25混凝土格梁/m³ | 374.21 | 1.34 | 503 | 2.16 | 809 |
| C30混凝土栅栏板护面/m³ | 445.43 | 2.31 | 1029 | 4.18 | 1861 |
| C25混凝土路肩石（50×50×20）/m³ | 609.63 | 0.11 | 64 | 0.11 | 64 |
| C25路面混凝土/m³ | 373.76 | 0.76 | 283 | 0.76 | 283 |
| 泥结石路面/m³ | 153.32 | 0.74 | 113 | 0.74 | 113 |
| 钢筋制安/t | 5263.80 | 0.04 | 227 | 0.07 | 342 |
| 400g/m² 机织复合土工布/m² | 15.27 | 40.51 | 619 | 35.53 | 543 |
| 30kN/m有纺土工布/m² | 8.17 | 57.60 | 471 | 65.42 | 534 |
| 120kN/m有纺土工布/m² | 12.43 | 92.82 | 1154 | 101.85 | 1266 |
| 80kN/m土工格栅/m² | 16.84 | 7.35 | 124 | 7.35 | 124 |
| 排水插板/m | 4.48 | 696.60 | 3121 | 793.35 | 3554 |
| 闭气土方/m³ | 16.21 | 204.50 | 3315 | 223.26 | 3619 |
| M10浆砌块石排水沟/m³ | 227.09 | 0.63 | 143 | 0.63 | 143 |
| 干砌棱体/m³ | 92.38 | 4.40 | 406 | 0.51 | 47 |
| 石渣垫层/m³ | 49.56 | 10.20 | 505 | 10.52 | 521 |
| 干砌块石/m³ | 131.20 | 2.53 | 332 | 3.22 | 422 |
| 泥结石稳定层/m³ | 193.60 | 0.76 | 146 | 0.76 | 146 |
| 草皮护坡/m² | 8.00 | 12.81 | 102 | 12.81 | 102 |
| 抛石子堤（土石回填）/m³ | 30.97 | 50.69 | 1570 | 50.69 | 1570 |
| 合计 | | | 28873 | | 33324 |

**表 5.5　　海堤断面结构型式优缺点比较表**

| 断面型式 | 投资/(元/m) | 优　　点 | 缺　　点 |
|---|---|---|---|
| 斜坡式 | 33324 | (1) 波浪反射弱，附近海面较平稳，对外海航道的影响小；<br>(2) 对地基不均匀沉降适应性强；<br>(3) 施工简单；<br>(4) 建成后如有损坏，维修方便 | (1) 波浪爬高大，堤身高；<br>(2) 堤身断面大；<br>(3) 不利岸线开发；<br>(4) 投资大 |
| 组合式 | 28873 | (1) 相对斜坡式波浪爬高小，堤身低；<br>(2) 堤身断面较小，便于岸线开发；<br>(3) 结构牢固，管理方便；<br>(4) 投资小 | 对地基不均匀沉降的适应性不及斜坡式 |

## 5.4 海堤护面结构选择

外海侧护面结构对海堤安全、风浪爬高、越浪量等影响较大，根据工程所处的波浪及涂面条件，选择混凝土灌砌石护面、混凝土四脚空心块护面和钢筋混凝土栅栏板护面3种形式进行比较。断面以东顺堤－1.0m涂面（桩号东顺3＋000）海堤为比较断面。

1. 混凝土灌砌石护面

根据风浪爬高计算，取防浪墙顶高程为8.3m，堤顶高程为7.5m。混凝土灌砌石护面厚度根据公式计算为0.74m，模型试验成果验证满足要求，因此设计取0.75m。混凝土灌砌石护面型式比较断面图如图5.4所示。

2. 混凝土四脚空心块和钢筋混凝土栅栏板护面

根据风浪爬高计算，取防浪墙顶高程为8.0m，堤顶高程为7.2m，比混凝土灌砌石护面低0.3m。

混凝土四脚空心块稳定重量按《浙江省海塘工程技术规定》中4.2.2－1式计算为0.59t，模型试验成果要求单块重量大于1.2t，因此设计采用单块重量1.2t，其下设0.35m厚的理砌块石垫层。混凝土四脚空心块护面型式比较断面图如图5.5所示。

钢筋混凝土栅栏板护面厚度根据公式计算为0.34m，取板厚0.35m，模型试验成果验证满足要求，因此设计采用栅栏板厚0.35m，其下设0.35m厚的理砌块石垫层。

3. 方案比较

各种方案的投资比较从略，优缺点比较见表5.6。

**表5.6　　海堤迎潮面护面型式优缺点比较表**

| 断面型式 | 投资/(元/m) | 优　　点 | 缺　　点 |
|---|---|---|---|
| 混凝土灌砌石护面 | 29801 | (1) 施工方便；<br>(2) 维修方便 | (1) 消浪效果较差；<br>(2) 施工质量不易控制；<br>(3) 投资大 |
| 四脚空心块护面 | 29266 | (1) 消浪效果较好；<br>(2) 适应变形能力好；<br>(3) 投资省 | (1) 施工复杂；<br>(2) 维修较困难 |
| 栅栏板护面 | 28873 | (1) 消浪效果好；<br>(2) 外形美观；<br>(3) 投资较省 | (1) 施工复杂；<br>(2) 维修较困难 |

由表5.6可见，采用钢筋混凝土栅栏板护面型式每延米海堤投资最省，比混凝土灌砌石护面型式节省928元，比四脚空心块护面型式节省393元，故推荐东顺堤和西顺堤东段均采用栅栏板护面。

由于西直堤涂面较高、风浪较小，护面可适当简化，采用混凝土灌砌石护面。

## 5.5 断面结构

### 5.5.1 东顺堤

1. 堤顶结构

堤顶高程为7.20m，堤顶总宽6.0m，采用15cm厚的C25混凝土路面，路面下设15cm厚的泥结碎石稳定层和20cm厚的石渣垫层。防浪墙顶高程8.0m，墙高0.8m。

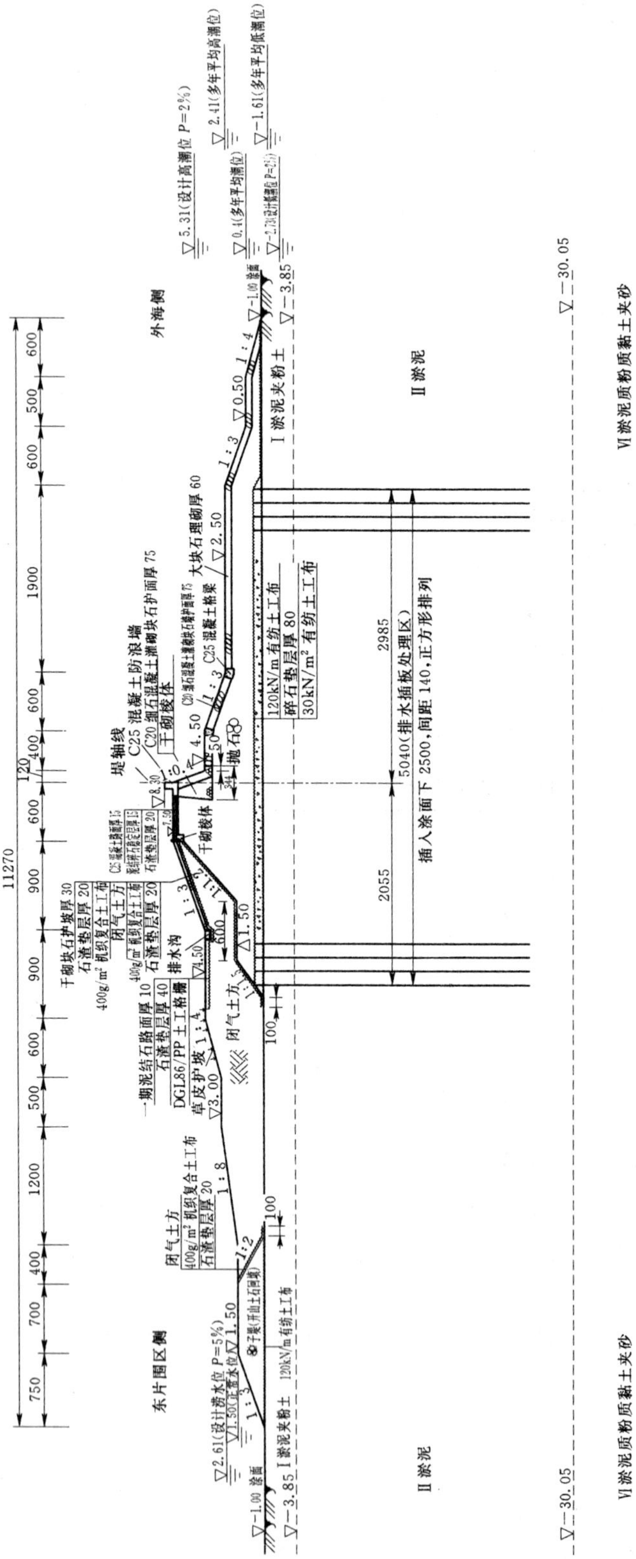

图 5.4　护面型式比较断面图（混凝土灌砌块石护面方案）

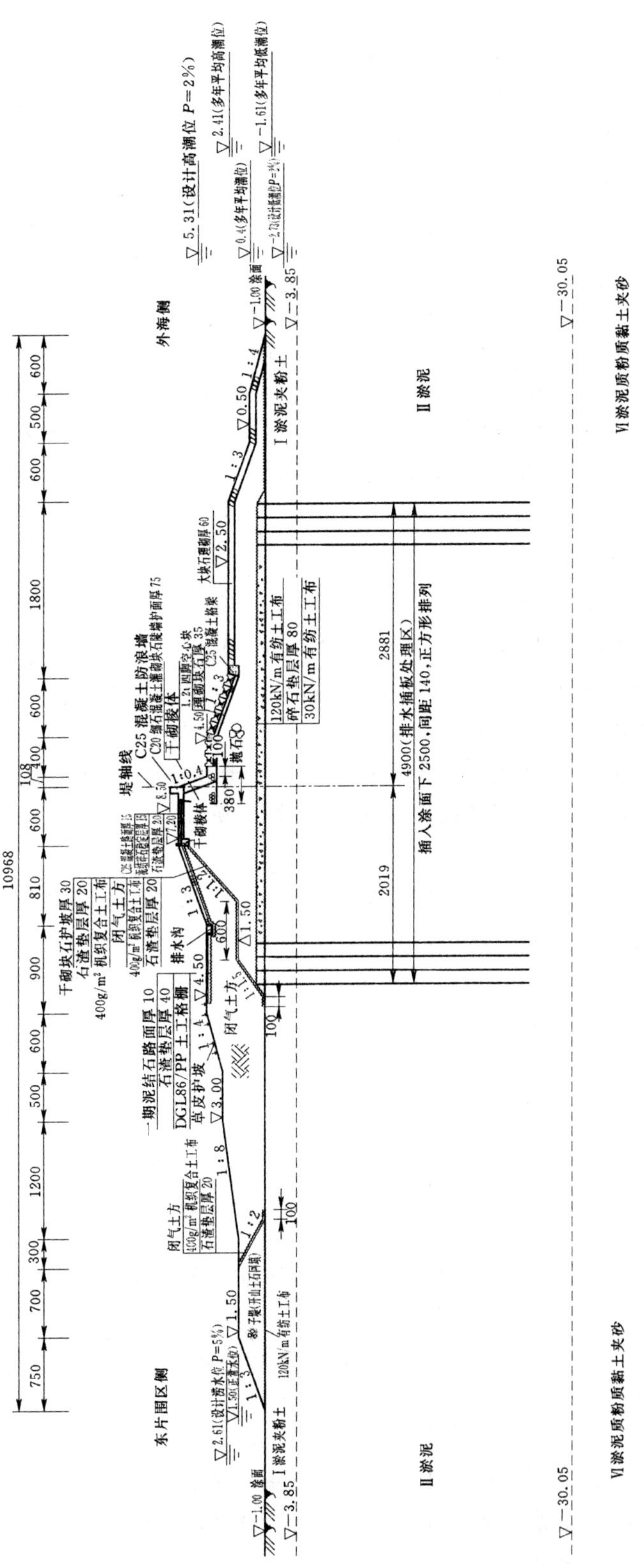

图 5.5　护面型式比较断面图(四脚空心块护面方案)

2. 石堤堤身结构

石堤外坡自堤顶高程起至4.50m高程为1∶0.4的混凝土灌砌块石陡墙，陡墙内侧设干砌块石棱体，4.50m高程设4m消浪平台，在2.50m高程处设18～27m宽的抛石镇压平台，并在0.50m高程处设5.0m的支脚，消浪平台与镇压平台、镇压平台与支脚之间均采用1∶3斜坡连接，支脚与涂面之间设1∶4斜坡。

石堤内坡从6.20m高程以1∶1.2的坡度至1.50m高程，在1.50m高程处设6m平台后以1∶1.5的坡度接涂面。

3. 闭气土方

海堤内侧采用当地海涂泥进行防渗闭气，闭气土方顶高程同堤顶。结合稳定和交通要求，在高程4.50m处设9m宽平台，平台中间设7m宽泥结石一期路面，该平台与堤顶之间用1∶3边坡连接；在高程3.00m处设5m宽平台，两平台之间边坡坡度为1∶4，平台以下1∶8边坡至1.50m高程，在1.50m高程处设抛石子堤，子堤顶高程1.50m，顶宽7m。

4. 护面型式

(1) 外坡：消浪平台以上为75cm厚的C20细石混凝土灌砌石挡墙，消浪平台与镇压平台之间采用钢筋混凝土栅栏板护面，厚35cm，其下设35cm厚的理砌块石，镇压平台及以下边坡采用大块石理砌护面，单块重大于160kg。镇压平台变坡角5m范围内采用C20细石混凝土灌砌石护面，厚60cm。

(2) 内坡：高程4.50m平台以上采用干砌块石护坡，平台中间为7m宽泥结石一期路面，平台两侧及其以下至3.00m高程之间采用草皮护坡。

5. 反滤结构

石坝与闭气土方交界面设反滤层，先在土石交界面处铺一层20cm石渣垫层，再在其上铺一层400g/m$^2$机织复合土工布，然后进行闭气土方闭气。

6. 堤基处理

采用塑料排水插板法进行堤基处理，即在处理区涂面上先铺放一层30kN/m的有纺土工布，再在其上铺设厚80cm的碎石垫层，然后进行排水板插设，排水板插入涂面最大深度为25m。最后在碎石垫层顶面铺放一层120kN/m的有纺土工布。

### 5.5.2 施工道路

施工道路前期作为施工道路，后期作围区交通道路。堤身不设闭气土方。

1. 堤顶结构

堤顶高程4.0m，总宽10.0m。顶面采用简易施工路面，不做特殊处理。

2. 堤身结构

石堤两侧自堤顶按1∶2的坡度至2.0m高程，在2.0m高程处设5～10m宽的抛石镇压平台后以1∶3的坡度接涂面。

3. 堤基处理

涂面高程0.0m以上施工道路不做基础处理，直接抛石填筑。

涂面高程0.0m以下施工道路采用塑料排水插板进行堤基处理。即在涂面上先铺放一层30kN/m的有纺土工布，再在其上铺设厚80cm的碎石垫层，然后进行排水板插设，排

水板插入涂面最大深度为 12m，最后在碎石垫层顶面铺放一层 120kN/m 的有纺土工布。处理区宽 37.8m。

## 5.6 设计计算

### 5.6.1 海堤整体稳定计算

海堤地基采用塑料排水板法处理，故稳定计算考虑地基固结引起的强度增长。

1. 地基固结度计算

考虑分级加载影响，不同时刻地基固结度采用经修正的平均固结度。

（1）瞬间加荷地基固结度计算公式。

竖向排水平均固结度：

$$\overline{U}_z = 1 - \frac{8}{\pi^2}\sum_{m}^{\infty}\frac{1}{m^2}e^{-\frac{m^2\pi^2}{4}T_v} \quad (5.6)$$

$$T_v = \frac{C_v t}{H^2} \quad (5.7)$$

塑料排水板径向排水固结度：

$$\overline{U}_r = 1 - e^{-\frac{8T_r}{F(n)}} \quad (5.8)$$

$$T_r = \frac{C_r t}{d_e^2} \quad (5.9)$$

$$F(n) = \frac{n^2}{n^2-1}\ln n - \frac{3n^2-1}{4n^2} \quad (5.10)$$

式中 $n$——井径比，$n=\frac{d_e}{d_w}$；

$d_e$——塑料排水板影响范围的等效直径，m；

$d_w$——塑料排水板等效砂井换算直径 $d_w=\frac{2\ (b+d)}{\pi}$，m；

$t$——固结时间，s；

$m$——正奇数，$m=1$，3，5，7，…；

$H$——竖向排水距离，m。

（2）瞬时加荷地基总平均固结度。

$$\overline{U}_{rz} = 1-(1-\overline{U}_r)(1-\overline{U}_z) \quad (5.11)$$

（3）经修正的分级加荷时地基平均固结度。

$$\overline{U}_t' = \sum_{t}^{n}\overline{U}_{rz\left(t-\frac{t_n-t_{n-1}}{2}\right)}\frac{\Delta p_n}{\sum\Delta p} \quad (5.12)$$

式中 $\overline{U}_t'$——分级加荷经修正后的 $t$ 时间总平均固结度；

$\overline{U}_{rz}$——瞬间加荷条件下的平均固结度；

$t_{n-1}$、$t_n$——每级加荷的起点和终点时间，s；

$\Delta p_n$——第 $n$ 级荷载增量，kPa；

$\sum\Delta p$——总荷载，kPa。

以东顺堤－1.00m涂面高程（桩号东顺3＋000）断面为例，根据设计分级加荷曲线，计算得到堤基插板处理区各土层在不同时刻经修正的固结度，计算成果见表5.7，加荷曲线如图5.6所示。

**表 5.7　　东顺堤（－1.00m涂面高程）土层固结度计算表**

| 海堤名称 | 土层名称 | 土层深度 z /m | 时间/d | | | | | | | |
|---|---|---|---|---|---|---|---|---|---|---|
| | | | 60 | 120 | 240 | 360 | 540 | 720 | 900 | 1080 |
| 东顺堤（－1.00m涂面高程） | 淤泥夹粉土Ⅰ | 2 | 0.143 | 0.241 | 0.273 | 0.511 | 0.744 | 0.817 | 0.892 | 0.900 |
| | | 4 | 0.102 | 0.175 | 0.239 | 0.463 | 0.677 | 0.790 | 0.885 | 0.898 |
| | 淤泥Ⅱ | 8 | 0.081 | 0.140 | 0.221 | 0.437 | 0.641 | 0.776 | 0.880 | 0.897 |
| | | 12 | 0.080 | 0.139 | 0.220 | 0.436 | 0.640 | 0.775 | 0.880 | 0.897 |
| | | 20 | 0.080 | 0.139 | 0.219 | 0.436 | 0.640 | 0.775 | 0.880 | 0.897 |

注　考虑土层固结度折减系数 $\eta$＝0.9。

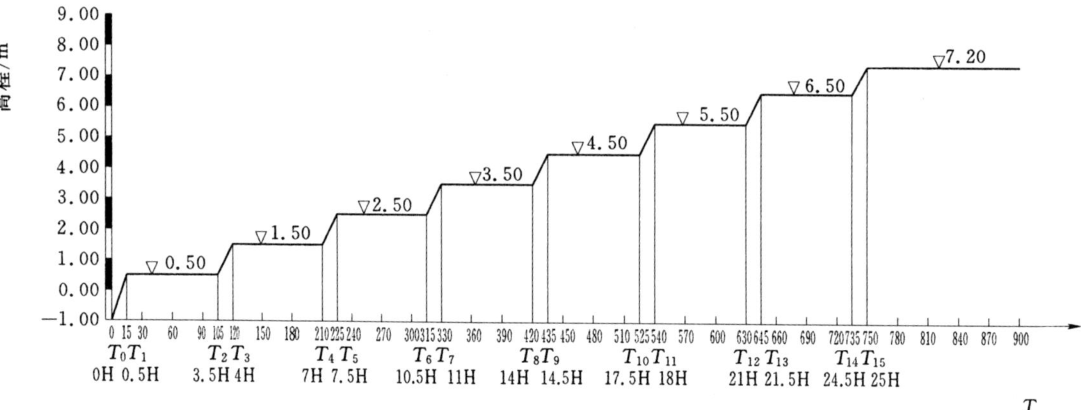


图5.6　东顺堤（－1.00m涂面高程）加荷曲线

2. 地基强度增长计算

在荷载作用下，地基因排水固结强度得到增长。根据有效固结应力法，强度增长按下列公式计算：

$$\Delta\tau_{fc}=U_t\sigma_z\tan\varphi_{cu} \tag{5.13}$$

式中　$\Delta\tau_{fc}$——因固结产生的强度增长值，kPa；

$U_t$——$t$ 时刻的固结度；

$\sigma_z$——地基竖向附加应力，kPa；

$\varphi_{cu}$——地基土的固结快剪内摩擦角，(°)。

按照《土工原理与计算》，在附加荷载作用下，根据十字板强度推算增长后的地基强

度，按下式计算：

$$\tau=C_0+\lambda_0 Z+\sigma_z U_t\left(\frac{C_0}{\sigma_z U_t+rZ}+\frac{\lambda_0}{r}\right) \tag{5.14}$$

式中　$C_0$——原地基十字板强度-深度曲线的截距，kPa；

$\lambda_0$——原地基十字板强度-深度曲线的斜率；

$U_t$——$t$ 时刻的固结度；

$\sigma_z$——地基竖向附加应力，kPa。

3. 海堤整体稳定计算

(1) 计算方法及允许最小稳定安全系数。根据《浙江省海塘工程技术规定》，海堤整体稳定采用瑞典条分法，最小安全系数 $K_{\min}$ 完建期控制在 1.1 左右，运行期控制在 1.2 左右。其计算公式如下：

$$K=\frac{\sum(C_i L_i+W_i\cos\alpha_i\tan\varphi_i)+T}{\sum W_i\sin\alpha_i} \tag{5.15}$$

式中　$K$——抗滑安全系数；

$W_i$——土条的重量，kN；

$L_i$——土条的滑弧长，m；

$C_i$——土条滑动面上的黏聚力，kPa，如采用十字板强度，则 $C_i=C_0+\lambda z_i$；

$\varphi_i$——土条滑动面上的内摩擦角，(°)，如采用十字板强度，$\varphi=0$；

$\alpha_i$——滑动面中点的切线与水平线的夹角，(°)；

$T$——土工织物设计强度，kN；

$C_0$——十字板强度-深度曲线的截距，kPa；

$\lambda$——十字板强度-深度曲线的斜率；

$z_i$——第 $i$ 土条弧段中点的深度，m。

(2) 物理力学参数。抛石体：重度 17.5kN/m$^3$，浸水饱和重度 21.0kN/m$^3$；$C=0$kPa，$\varphi=40°$。海堤闭气土强度：$C=7.2$kPa，$\varphi=5.3°$，运行期 $C=7.5$kPa，$\varphi=6.4°$。

(3) 计算工况。内外坡稳定计算分别考虑了完建期和运行期两种工况。各种工况的水位组合详见表 5.8。

**表 5.8　　计算工况水位组合**

| 海堤 | 工况 | 向外海侧滑动 |  | 向内河侧滑动 |  |
|---|---|---|---|---|---|
|  |  | 内水位/m | 外水位/m | 内水位/m | 外水位/m |
| 西直堤<br>西顺堤<br>东顺堤 | 完建期 | 1.5<br>(围区正常水位) | 涂面 | 涂面 | 4.57<br>($P=10\%$设计高潮位) |
|  |  |  | 潮位降至镇压平台 |  |  |
|  | 运行期 | 2.66 (2.61)<br>($P=5\%$设计涝水位) | 涂面 | 1.5<br>(围区正常水位) | 5.31<br>($P=2\%$设计高潮位) |
|  |  |  | 潮位降至镇压平台 |  |  |
| 施工道路 | 施工期 | 平均高潮位 2.41m | 涂面 | 涂面 | 平均高潮位 2.41m |

(4) 稳定计算成果。采用理正岩土工程软件进行边坡稳定计算，计算结果见表 5.9 及

图 5.7～图 5.10。

表 5.9 海堤边坡稳定计算结果表

| 堤名 | | 向外海侧滑动 | | | | 向内河侧滑动 | | | | 规范要求 |
|---|---|---|---|---|---|---|---|---|---|---|
| | | $K$ | $R$/m | $X$/m | $Y$/m | $K$ | $R$/m | $X$/m | $Y$/m | |
| 西直堤（2.5m涂面高程） | 完建期 | 1.181 | 18.56 | 6.78 | 12.48 | 1.125 | 25.41 | −22.10 | 14.35 | 1.10 |
| | 运行期 | 1.215 | 18.74 | 6.78 | 12.48 | 1.914 | 7.40 | −10.80 | 11.20 | 1.20 |
| 西顺堤（0.0m涂面高程） | 完建期 | 1.115 | 36.50 | 20.40 | 14.34 | 1.105 | 44.74 | −30.80 | 22.40 | 1.10 |
| | 运行期 | 1.210 | 36.50 | 18.40 | 14.34 | 1.910 | 7.32 | −10.60 | 10.90 | 1.20 |
| 东顺堤（−0.5m涂面高程） | 完建期 | 1.107 | 44.90 | 18.14 | 20.13 | 1.105 | 47.66 | −32.80 | 26.21 | 1.10 |
| | 运行期 | 1.202 | 51.14 | 16.21 | 26.00 | 1.843 | 7.65 | −11.70 | 11.30 | 1.20 |
| 东顺堤（−1.0m涂面高程） | 完建期 | 1.104 | 50.03 | 29.05 | 21.50 | 1.103 | 50.68 | 40.92 | 27.66 | 1.10 |
| | 运行期 | 1.200 | 53.60 | 16.80 | 23.58 | 1.854 | 7.65 | −11.60 | 11.37 | 1.20 |
| 施工道路（−0.5m涂面高程） | 施工期 | 1.140 | 23.65 | 17.33 | 9.00 | 1.140 | 23.65 | −17.33 | 9.00 | 1.05 |
| 施工道路（0.5m涂面高程） | 施工期 | 1.052 | 17.14 | 10.92 | 8.12 | 1.052 | 17.14 | −10.92 | 8.12 | 1.05 |

由表 5.9 可知，海堤最小稳定安全系数 $K_{min}$ 满足规范要求。

### 5.6.2 地基沉降计算

1. 计算方法

采用分层总和法计算地基沉降，计算公式如下：

$$S_{\infty} = m_s S_c = m_s \sum_{i=1}^{n} \frac{e_{1i} - e_{2i}}{1 + e_{1i}} h_i \tag{5.16}$$

式中 $S_{\infty}$——最终沉降量；

$m_s$——沉降系数，（修正系数，一般堤基取 $m=1.0$，对软土堤基可采用 $m=1.3$～1.6，堤基土较软弱时取较大值，否则取较小值。）一般 $m_s=1.3$～1.6，根据本工程地质条件 $m_s$ 取 1.4；

$e_{1i}$——由第 $i$ 层的自重应力均值从土的压缩曲线上得到的相应孔隙比；

$e_{2i}$——由第 $i$ 层的自重应力均值与附加应力均值之和从土的压缩曲线上得到的相应孔隙比；

$n$——压缩层范围的土层数；

$h_i$——沉降计算第 $i$ 分层厚度，计算取 1.0m；

$S_c$——主固结沉降。

2. 计算参数

（1）沉降计算时采用平均低潮位−1.61m 作为计算水位，平均低潮位以下取浮容重，平均低潮位以上取湿容重。

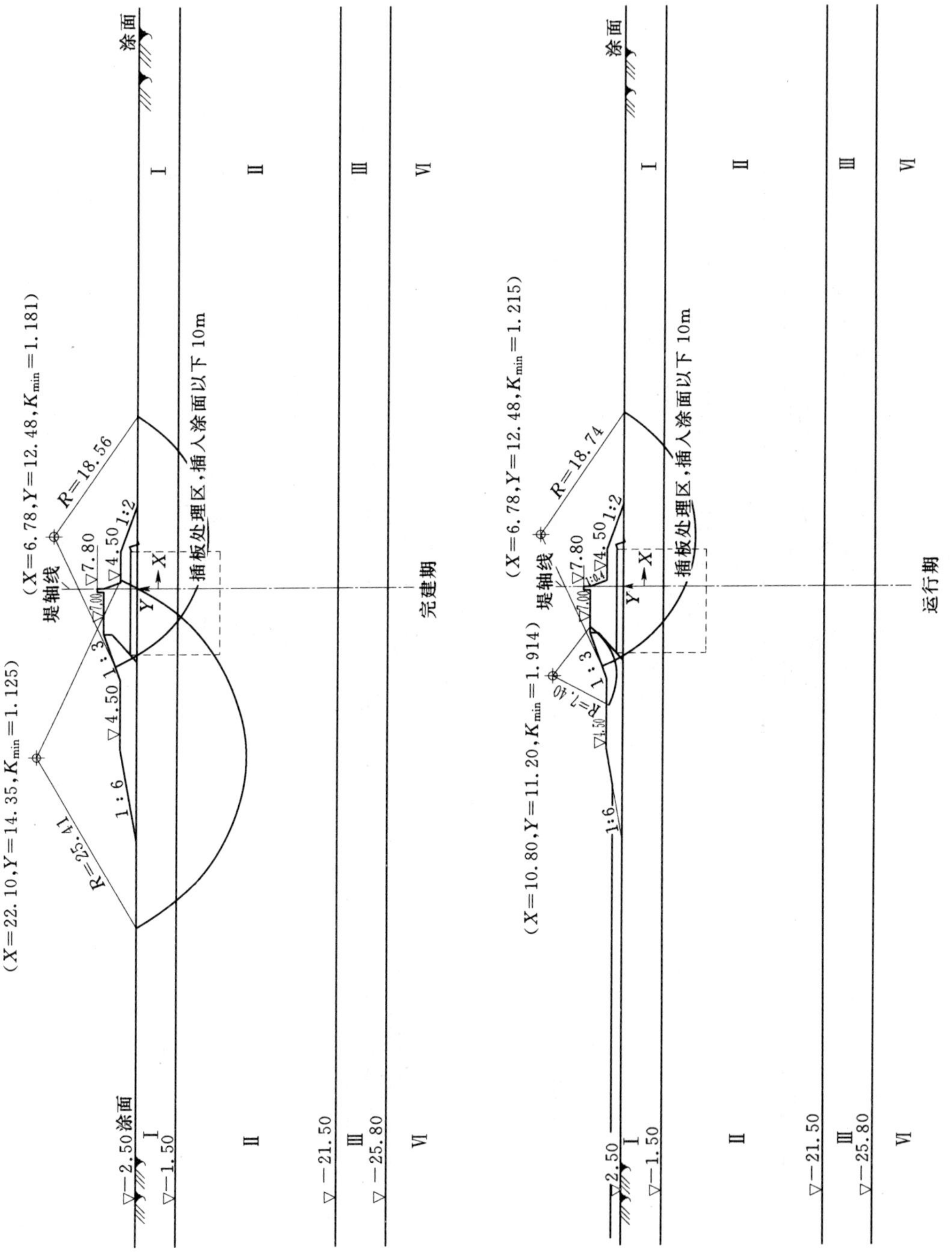

(X=22.10,Y=14.35,$K_{min}$=1.125)
R=25.41
(X=6.78,Y=12.48,$K_{min}$=1.181)
R=18.56
堤轴线
▽7.80
▽7.00
▽4.50
1:2
1:3
▽4.50
1:6
插板处理区，插入涂面以下10m
▽-2.50涂面
▽-1.50
▽-21.50
▽-25.80
涂面
Ⅰ
Ⅱ
Ⅲ
Ⅵ
完建期

(X=10.80,Y=11.20,$K_{min}$=1.914)
R=7.40
(X=6.78,Y=12.48,$K_{min}$=1.215)
R=18.74
堤轴线
▽7.80
▽7.00
▽4.50
1:2
1:3
▽4.50
1:6
插板处理区，插入涂面以下10m
2.50
▽-1.50
▽-21.50
▽-25.80
涂面
Ⅰ
Ⅱ
Ⅲ
Ⅵ
运行期

图 5.7　西直堤(2.50m涂面)稳定计算最危险滑弧图

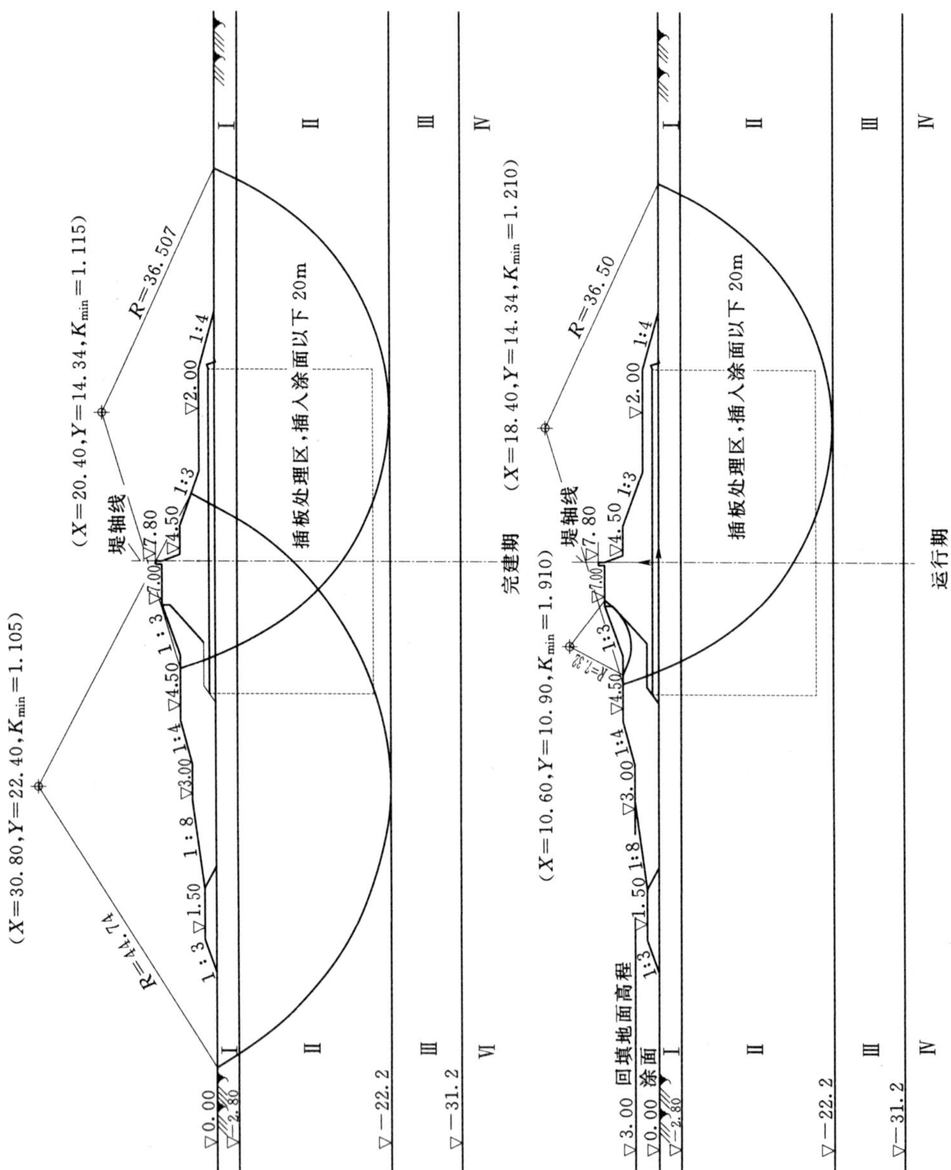

完建期

运行期

图 5.8 西顺堤（0.0m涂面）稳定计算最危险滑弧图

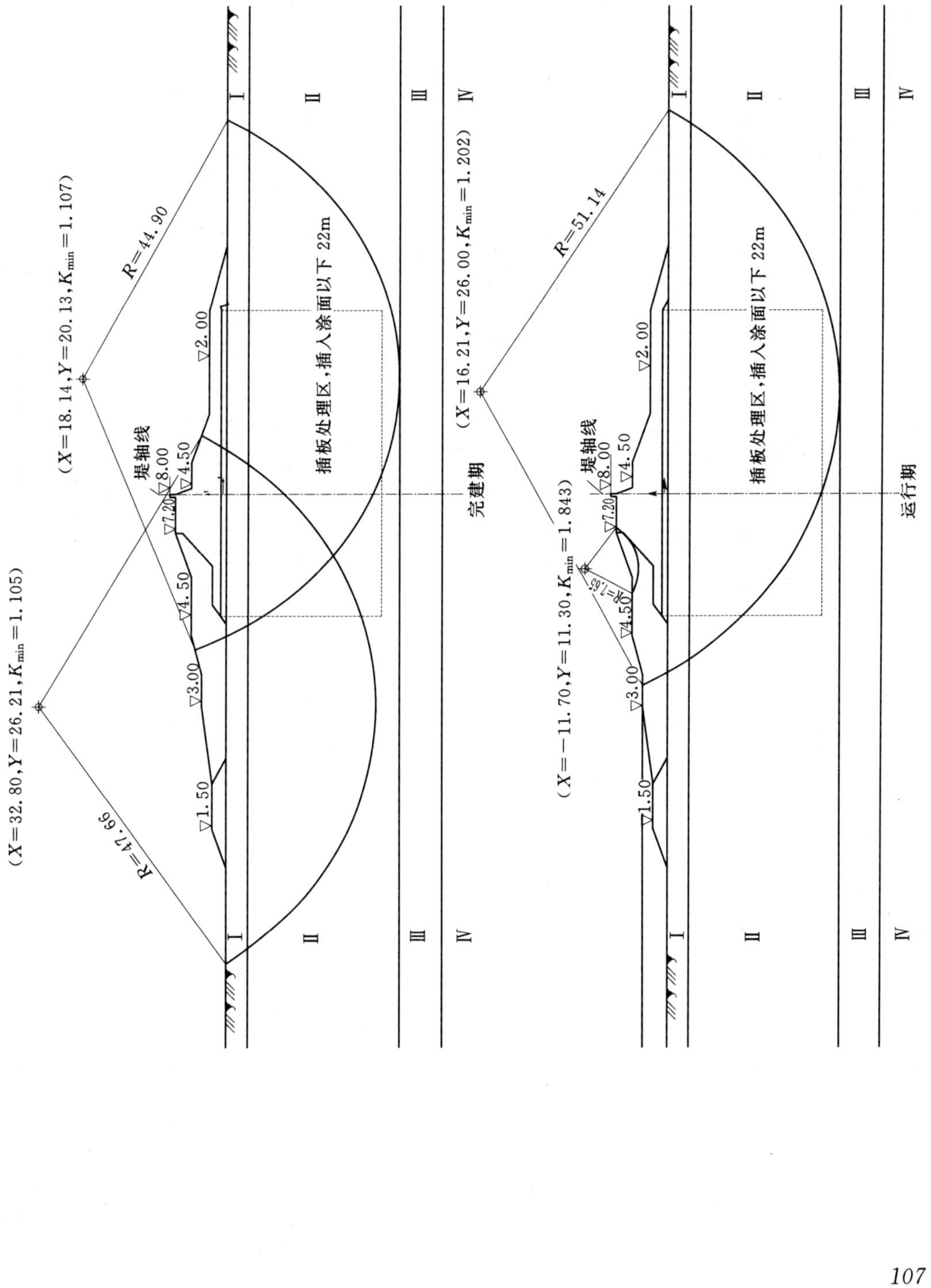

(X=32.80,Y=26.21,$K_{min}$=1.105)

R=47.66

(X=18.14,Y=20.13,$K_{min}$=1.107)

R=44.90

堤轴线

▽8.00 ▽7.20 ▽4.50 ▽2.00 ▽4.50 ▽3.00 ▽1.50

插板处理区,插入涂面以下 22m

Ⅰ Ⅱ Ⅲ Ⅳ

完建期

(X=16.21,Y=26.00,$K_{min}$=1.202)

R=51.14

(X=−11.70,Y=11.30,$K_{min}$=1.843)

R=1.65

堤轴线

▽8.00 ▽7.20 ▽4.50 ▽2.00 ▽4.50 ▽3.00 ▽1.50

插板处理区,插入涂面以下 22m

Ⅰ Ⅱ Ⅲ Ⅳ

运行期

图 5.9 东顺堤(−0.50m 涂面)稳定计算最危险滑弧图

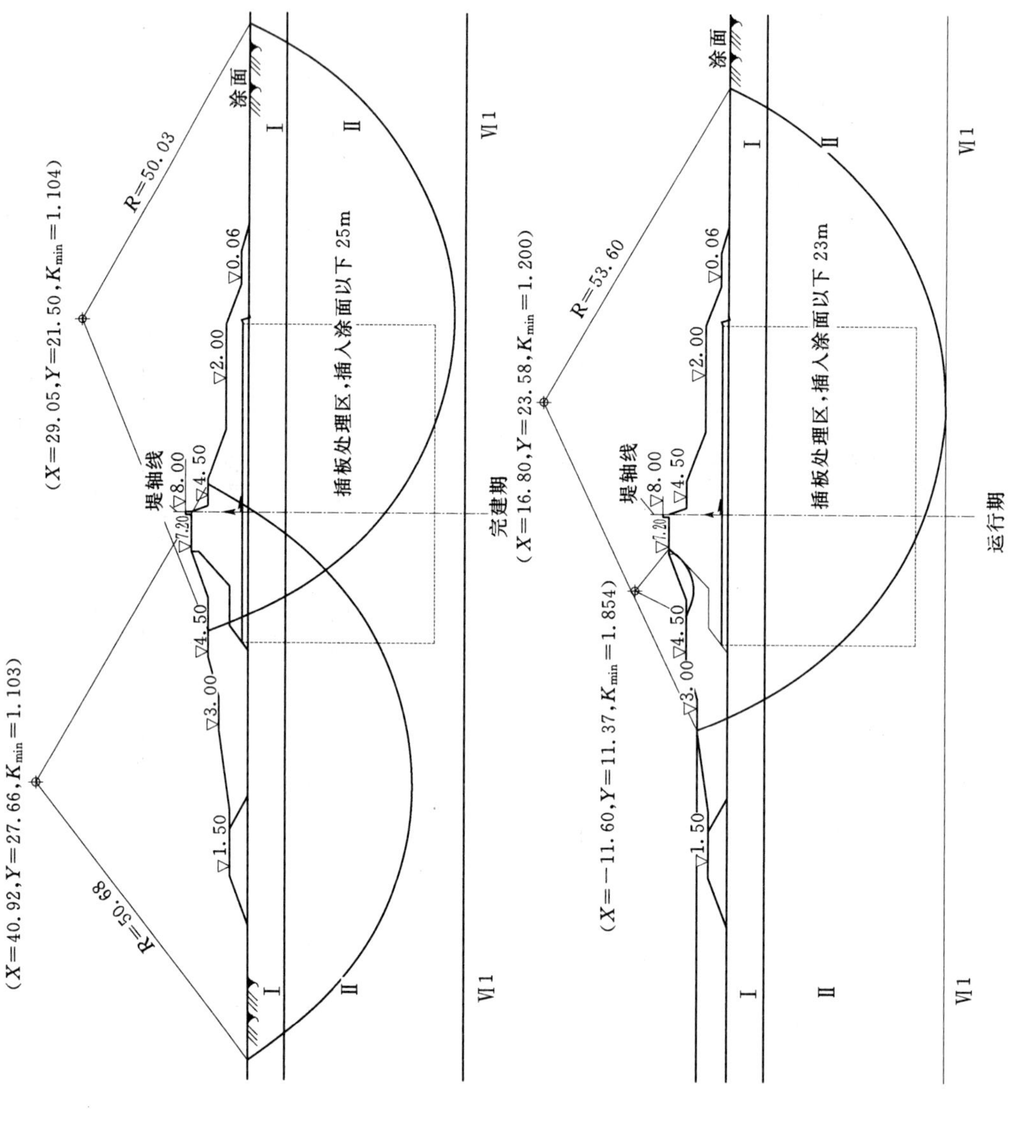

(X=40.92,Y=27.66,$K_{min}$=1.103)

R=50.68

(X=29.05,Y=21.50,$K_{min}$=1.104)

R=50.03

堤轴线

涂面

插板处理区,插入涂面以下25m

▽8.00 ▽7.20 ▽4.50 ▽4.50 ▽3.00 ▽2.00 ▽1.50 ▽0.06

Ⅰ Ⅱ Ⅵ1

完建期

(X=-11.60,Y=11.37,$K_{min}$=1.854)

(X=16.80,Y=23.58,$K_{min}$=1.200)

R=53.60

堤轴线

涂面

插板处理区,插入涂面以下23m

▽8.00 ▽7.20 ▽4.50 ▽4.50 ▽3.00 ▽2.00 ▽1.50 ▽0.06

Ⅰ Ⅱ Ⅵ1

运行期

图5.10 东顺堤(-1.0m涂面)稳定计算最危险滑弧图

(2) 计算深度算至附加应力为 0.1 倍自重应力处。

(3) e－p 曲线采用《临海市×××围垦初步设计阶段工程地质勘察报告》提供的成果。

(4) 材料容重：堤身土方 $r=18.0\text{kN/m}^3$，$r'=8.0\text{kN/m}^3$；堤身石方 $r=17.5\text{kN/m}^3$，$r'=11\text{kN/m}^3$。

3. 计算结果

由理正软件计算海堤总沉降量及施工期沉降量，总沉降量见表 5.10。西直堤单点最大沉降量为 1.26m；西顺堤单点最大沉降量为 2.21m；东顺堤单点最大沉降量为 2.98m；施工道路单点最大沉降量为 1.90m。

**表 5.10　　东顺堤－1.50m 涂面总沉降量计算成果表**

| 序号 | 坐标/m | 总沉降量/m | 序号 | 坐标/m | 总沉降量/m |
|---|---|---|---|---|---|
| 1 | 48 | 0.06 | 11 | －12 | 2.50 |
| 2 | 42 | 0.98 | 12 | －18 | 2.37 |
| 3 | 36 | 1.41 | 13 | －24 | 2.23 |
| 4 | 30 | 1.52 | 14 | －30 | 2.06 |
| 5 | 24 | 1.71 | 15 | －36 | 1.87 |
| 6 | 18 | 2.01 | 16 | －42 | 1.67 |
| 7 | 12 | 2.30 | 17 | －48 | 1.49 |
| 8 | 6 | 2.64 | 18 | －54 | 1.33 |
| 9 | 0 | 2.98 | 19 | －60 | 1.25 |
| 10 | －6 | 2.76 | 20 | －66 | 0.07 |

注　坐标原点位于海堤涂面轴线位置，沿外海侧为正方向。

4. 沉损系数

根据沉降计算分析，经综合考虑施工等因素，确定沉损系数，顺堤抛石方量为 1.50，闭气土方量为 1.40，子堤方量为 1.40；直堤和施工道路抛石方量为 1.45，闭气土方为 1.40。

### 5.6.3　渗流稳定计算

海堤防渗采用海淤泥，渗流稳定计算淤泥土流土稳定，计算公式如下：

$$S=\sum k\gamma_\omega h/\gamma \tag{5.17}$$

式中　$k$——安全系数取 1.2；

$\gamma$——土容重，$\text{kN/m}^3$，水下取浮容重，水上取湿容重；

$\gamma_\omega$——水容重，$\text{kN/m}^3$；

$S$——土层厚度，m；

$h$——水头差，m。

外海侧取 50 年一遇设计高潮位 5.31m。由理正软件计算，实际土层厚度大于计算要求土层厚度，满足防渗流土要求。

### 5.6.4 护面结构计算

1. 砌石护面计算

根据 JTJ 298—98《防波堤设计和施工规范》，混凝土灌砌石护面厚度按下式计算：

$$h=1.3K_\gamma H(K_{md}+K_\delta)\frac{\sqrt{m^2+1}}{m} \tag{5.18}$$

式中 $h$——护面厚度，m；

$K_\gamma$——重度系数，$K_\lambda=\dfrac{\gamma}{\gamma_b-\gamma}$；

$K_{md}$——与斜坡的 $m$ 值和 $d/H$ 值有关的系数；

$K_\delta$——坡坦系数；

$H$——计算波高，$d/L<0.125$，取 $H_{13\%}$；

$m$——坡度系数。

西顺堤西段海堤计算得混凝土灌砌石护面厚度为 0.69m，设计采用 0.70m；西直堤计算得混凝土灌砌石护面厚度为 0.38m，设计采用 0.40m。

2. 混凝土栅栏板计算

根据 JTS 154—1—2011《防波堤设计和施工规范》，栅栏板厚度计算公式如下：

$$h=0.235\frac{\gamma}{\gamma_b-\gamma}\frac{0.61+0.13d/H}{m^{0.27}}H \tag{5.19}$$

式中 $h$——护面厚度，m；

$d$——塘前水深，m；

$\gamma$——水的重度，$kN/m^3$；

$\gamma_b$——栅栏板重度，$kN/m^3$；

$H$——计算波高，$d/L<0.125$，取 $H_{13\%}$；

$m$——坡度系数。

西顺堤部分堤段、东顺堤计算得混凝土栅栏板护面最大厚度为 0.34m，设计采用 0.35m。

3. 抛石护面计算

根据堤前设计波要素，抛石护面的单块抛石重量计算按 JTS 154—1—2011《防波堤设计与施工规范》中式（4.2.4－1）、式（4.2.4－2）：

$$W=0.1\frac{\gamma_b H^3}{K_D(S_b-1)^3\operatorname{ctg}\alpha},S_b=\frac{\gamma_b}{\gamma} \tag{5.20}$$

式中 $\gamma_b$——块体材料重度，$kN/m^3$；

$H$——设计波高，m；

$K_D$——块体稳定系数；

$\gamma$——水的重度，$kN/m^3$；

$\alpha$——斜坡与水平的夹角（°）。

根据式（5.20）计算得单块抛石重量为 155kg，设计取用 200kg 以上。

4. 塘脚护底计算

堤前最大波浪底流速，按下式计算：

$$v_{max}=\frac{2\pi H}{\sqrt{\frac{\pi L}{g}\sinh\frac{4\pi d}{L}}} \tag{5.21}$$

式中　$H$——波高，取 $H_{13\%}$；

　　$L$——波长。

各海堤经计算，以东顺堤堤前波浪底流速最大，$v_{max}=3.45\text{m/s}$，要求护底块石110kg以上，考虑到海堤施工等其他因素，各海堤设计均采用120kg及以上。

# 6　观　测　设　计

## 6.1　工程观测工作开展的目的

由于海堤沿线地基土属高压缩性、高灵敏度、低强度地层，采用塑料排水法进行地基处理。根据CTAG 02—97《塑料排水带地基设计规程》3.0.1条“凡具有一定规模的预压加固工程，应设置原位监测系统，进行现场观测，监测预压过程中地基变形和稳定性变化的动态，控制加载速率，防止地基剪切破坏，检验加固的效果”，故本工程应建立相应的原位监测措施，通过在堤身和地基中埋设适当齐全的观测仪器和设备，在施工过程中全程监测堤身和地基的应力应变情况，固结沉降和强度增长情况，及时对测试成果进行反馈、分析、验证和完善设计，并及时指导施工。

(1) 为施工提供科学依据。海堤基础采用塑料排水板排水固结法进行处理，由于受地基固结速度的限制，施工过程中需要控制加载速率。通过原位观测，可掌握堤身和地基的变形情况，及时调整加载计划，保证结构安全，控制合理工期。

(2) 作为堤身沉降工程量核算的主要依据。软土地基堤身的沉降工程量较大，施工现场实际测量较困难，通过沉降原位观测，为工程量核算提供直接的依据。

(3) 为分析工后沉降和预留超高提供依据。

(4) 为验证和完善设计提供直接的依据。由于地基的复杂性和土性的多异性，目前尚有很多问题需要在理论计算上进一步完善。原位观测试验可通过直接的原型测试成果，掌握堤身和地基的应力应变情况，改进软土地基海堤的分析计算方法，优化工程设计，提高理论水平。

## 6.2　原位观测布置原则

(1) 常规断面沉降观测与原位观测综合检测项目结合。

(2) 原位观测断面具备先行施工条件，有利于指导施工。

(3) 原位观测断面在地层、断面上有代表性。

(4) 原位观测断面宜布置在直线段，并应避开龙口位置。

## 6.3　原位观测项目设置

1. 原位观测的主要内容

原位观测的内容主要包括：

(1) 垂直沉降观测（基底沉降和分层沉降）。

(2) 堤基孔隙水压力观测。

（3）水平位移观测。

（4）地基十字板强度原位测试。

（5）水位观测。

2. 各观测项目的作用

各观测项目的作用分别为：

（1）基底沉降。通过观测可以测得地基表面在各级荷载下的沉降量，起到控制施工加荷速率的目的，也可作为工程量计算的依据之一。

（2）分层沉降。了解坝基不同深度及各土层的垂直位移情况，以了解地基各土层的垂直位移与固结情况。

（3）孔隙水压力。通过在不同深度埋设孔隙水压力测头，了解在各级荷载作用下地基土内部超静孔隙水压力变化和地基土固结过程。孔隙水压力观测成果，可用来判断地基有无塑性开展、加载速率是否过快等，是控制施工进度、了解固结效果的手段之一。

（4）水平位移。测定地基土内部在上部荷载作用下不同深度的水平位移变化情况，以判断地基稳定性。

（5）地基十字板强度测试。通过地基加固处理前、后测试所得的强度值，了解软土层强度变化情况，为堤身稳定计算提供依据。

（6）水位观测。测定水位的变化，为计算堤身超静孔隙水压力提供依据。

## 6.4 原位观测设施布置

本着全面考虑、突出重点、节约投资的原则，本工程原位观测每500m布置1个地表沉降观测断面，共14个断面；每个断面布置5～6个地表沉降观测点。在东、西顺堤各布置1个原位观测主控断面，每个原位观测主控断面主要工作内容为：

（1）地表沉降。每个断面布置5～6个点。

（2）分层沉降。3孔，每3m测一点，最大深度25m。

（3）孔隙水压力。3孔，每3m测一点。

（4）测斜。3孔，最大深度25m。

（5）十字板强度。6孔，分两次，每次3孔。

（6）水位。2孔。

地表沉降、水平位移、孔隙水压力、水位及分层沉降观测频次要求：在施工加载期每天至少观测1次；施工间歇期在荷载停歇3天内，每天观测1次。3天后，根据沉降速率的大小和孔压消散的程度，每3～15天观测1次。完工时，测一次。完工后前3个月每个月观测一次，完工3个月后每3个月观测一次。竣工验收前观测一次。特殊情况下根据监理、建设单位、设计单位的要求及时进行观测。

十字板强度测试时间：在海堤原位观测主控断面施工到镇压平台左右时，在加下一级加荷前测试1次3孔，抛石分部工程完成后再测试1次3孔。每个主控断面共测试2次6孔。

此外，工程整体还应进行外部观测如水平垂直位移、水位、流量、潮位、涂面淤积情况等。

### 6.5 原位观测项目的控制指标

为了控制填筑速度，保障工程安全，在排水板处理堤段加载期间，初拟原位观测的控制指标如下：

（1）日沉降量不大于30mm。

（2）日侧向位移不大于6mm。

（3）地基超静孔隙水压力不大于荷载所产生应力的60%。

### 6.6 运行期原位观测

运行期堤身需要进行沉降位移观测。海堤建成后，第1年内每月观测2次，以后每年可逐渐减少次数，但每年观测次数不得少于2次，观测断面结合施工期。

另外需要进行波浪爬高、潮水位观测，可在水闸外海侧翼墙和海堤中间灌砌块石挡墙上布置必要的潮位和波浪观测设施。

## 7 施工组织设计

### 7.1 施工条件

#### 7.1.1 工程条件

1. 对外交通

×××围垦工程地处临海市杜桥镇，距临海市区约80km，距杜桥镇约11km。工程区南临台州湾，西临台州市椒江区前所街道。

（1）公路。杜桥镇与75省道相接，现有乡级公路通至工程区，对外交通便利。

（2）铁路。温州、宁波火车站可卸100t以下的单件重物，能满足工程的转运要求。

（3）水路。椒江、温州、大麦屿等港口均可作为本工程的转运站。

2. 工程概况

×××围垦工程位于临海市东南角椒江口，围区总面积约1.06万亩，海堤总长7.41km，围区中间设一施工道路（前期兼作施工道路），长1.61km，分成东西两片，其中西片面积约6100亩，东片面积约4500亩。

工程主要建筑物有海堤和水闸等。海堤由西直堤（长200m）、西顺堤（长2060m）和东顺堤（长5150m）组成。围区两片各设1座排涝闸，西片为南洋排涝闸（3孔×4m），东片为穿礁排涝闸（3孔×4m）。南洋排涝闸布置在东顺堤靠近西顺堤处的海堤上，桩号为东顺0+500m，为软基闸，与海堤相连布置；东片穿礁排涝闸布置在东顺堤东端的穿礁小岛与主岛之间的垭口上，为岩基闸，且与海堤分离布置。

#### 7.1.2 自然条件

1. 水文、气象条件

工程地处浙江省东南部，频临东海，属亚热带季风气候区，具有明显的海洋性气候特征。气候温和湿润，四季分明，雨量丰沛，日照充足，无霜期长。据洪家气象站观测资料统计，多年平均气温17℃，极端最高气温38.1℃，极端最低气温−6.8℃，平均年蒸发量1340.8mm，年降水日数为167天，年平均风速2.6m/s，实测最大风速25 m/s，相应风向NNE。

本地区的主要雨季分为梅汛期（4月16日—7月15日）和台汛期（7月16日—10月15日）两个。降水量相对集中于5—9月，这5个月的累计雨量占年雨量的79%。形成本地区洪涝灾害的主要暴雨为台风雨，其来势猛、总量大、强度高，所造成的洪涝灾害特别严重，对围垦工程的施工与安全威胁都较大。非汛期（10月16日至次年4月15日），常受高空环流控制，气候干燥，寒冷小雨，但结冰天气较少，外潮位不高，是围垦工程施工的好季节。月有效施工天数一般控制日降水量大于5mm不能施工。据统计，扣除法定节假日和对施工有影响的天数，本工程平均月有效施工天数：土方工程22天，石方工程26天，混凝土工程24天。

本工程设计潮位采用潮位站资料分析确定，工程区潮位频率分析成果见表7.1。

**表7.1　　工程区潮位频率分析成果表**

| 参数 | 各频率潮位/m | | | | |
|---|---|---|---|---|---|
| | 1% | 2% | 5% | 10% | 20% |
| 年最高 | 5.63 | 5.31 | 4.88 | 4.57 | 4.25 |
| 非汛期高 | — | 4.26 | 4.09 | 3.95 | 3.81 |

工程所在地10年一遇最高潮位4.57m，5年一遇非汛期高潮位3.81m，多年平均高潮位2.41m，低潮位−1.61m，多年平均潮位0.4m。该区域汛期10年一遇高潮龙口度汛典型潮型见表7.2，非汛期5年一遇高潮堵口合龙典型潮型见表7.3。

**表7.2　　龙口度汛典型潮型（汛期10年一遇高潮位）**

| 时序/h | 潮位/m | | |
|---|---|---|---|
| | 第1日潮位 | 第2日潮位 | 第3日潮位 |
| 1 | 3.74 | 3.24 | 3.43 |
| 2 | 3.21 | 3.86 | 4.57 |
| 3 | 2.14 | 2.99 | 3.92 |
| 4 | 1.00 | 1.69 | 2.81 |
| 5 | 0.11 | 0.52 | 1.46 |
| 6 | −0.60 | −0.20 | 0.29 |
| 7 | −1.13 | −0.80 | −0.35 |
| 8 | −1.54 | −1.27 | −0.92 |
| 9 | −2.20 | −2.26 | −1.98 |
| 10 | −0.63 | −1.49 | −1.77 |
| 11 | 0.84 | −0.19 | −0.38 |
| 12 | 2.39 | 1.61 | 1.16 |
| 13 | 3.89 | 3.24 | 2.91 |
| 14 | 3.74 | 4.49 | 4.47 |
| 15 | 2.80 | 3.81 | 4.28 |
| 16 | 1.60 | 2.67 | 3.39 |

续表

| 时序/h | 潮位/m | | |
|---|---|---|---|
| | 第 1 日潮位 | 第 2 日潮位 | 第 3 日潮位 |
| 17 | 0.53 | 1.46 | 2.26 |
| 18 | −0.19 | 0.48 | 1.05 |
| 19 | −0.79 | −0.21 | 0.08 |
| 20 | −1.28 | −0.78 | −0.57 |
| 21 | −2.17 | −1.82 | −1.64 |
| 22 | −0.71 | −1.03 | −1.45 |
| 23 | 0.57 | 0.33 | −0.22 |
| 24 | 2.15 | 1.99 | 1.10 |

**表 7.3　　　堵口合龙典型潮型（非汛期 5 年一遇高潮位）**

| 时序/h | 潮位/m | | | |
|---|---|---|---|---|
| | 第 1 日潮位 | 第 2 日潮位 | 第 3 日潮位 | 第 4 日潮位 |
| 1 | 3.06 | 3.38 | 3.55 | 2.80 |
| 2 | 2.40 | 3.04 | 3.81 | 3.53 |
| 3 | 1.46 | 2.07 | 3.18 | 3.18 |
| 4 | 0.62 | 1.13 | 2.09 | 2.31 |
| 5 | −0.12 | 0.34 | 1.04 | 1.22 |
| 6 | −0.75 | −0.33 | 0.24 | 0.28 |
| 7 | −1.20 | −0.88 | −0.41 | −0.40 |
| 8 | −1.19 | −1.29 | −0.91 | −0.93 |
| 9 | −0.17 | −0.72 | −1.11 | −1.38 |
| 10 | 0.79 | 0.31 | −0.12 | −1.22 |
| 11 | 2.06 | 1.61 | 0.88 | −0.16 |
| 12 | 2.96 | 2.86 | 2.37 | 0.98 |
| 13 | 2.98 | 3.45 | 3.45 | 2.30 |
| 14 | 2.27 | 2.90 | 3.50 | 3.02 |
| 15 | 1.27 | 1.89 | 2.81 | 2.64 |
| 16 | 0.48 | 0.93 | 1.71 | 1.74 |
| 17 | −0.24 | 0.10 | 0.67 | 0.76 |
| 18 | −0.85 | −0.57 | −0.11 | −0.02 |
| 19 | −1.31 | −1.11 | −0.74 | −0.69 |
| 20 | −1.64 | −1.52 | −1.26 | −1.23 |
| 21 | −0.89 | −1.51 | −1.65 | −1.63 |
| 22 | 0.01 | −0.36 | −1.09 | −1.98 |
| 23 | 1.37 | 0.75 | −0.17 | −1.26 |
| 24 | 2.68 | 2.32 | 1.28 | −0.32 |

2. 地形、地质条件

工程区及周边为低山丘陵、岛屿和滨海平原，岛屿高程一般在300m以下。工程区所在地区为椒江口河口堆积平原亚区，海涂坡度较平缓，浅滩涂面高程一般在－1.6～2.0m之间，围涂南面为椒江出海口，由于受水流及潮流影响，部分地区涂面较低，高差相差较大。

海堤堤基土层自上而下分为Ⅰ层淤泥夹粉土、Ⅱ层淤泥、Ⅲ层含泥粉细砂、Ⅳ层淤泥质粉质黏土夹砂。

施工道路堤基土层自上而下分为Ⅰ层淤泥夹粉土、Ⅱ层淤泥、Ⅲ层含泥粉细砂、Ⅳ层淤泥质粉质黏土夹砂。

3. 建筑材料来源及水电供应条件

水泥、钢材由市场采购。施工用水可接用附近工业园区的自来水。施工用电已接通至现场附近，可以就近接线。

## 7.2 料场的选择与开采

### 7.2.1 石料

根据地质勘探，工程区范围内有石料场3处。

1号穿礁石料场（岩性为流纹质含角砾玻屑熔结凝灰岩，储量约150万$m^3$）、2号达岛石料场（岩性为流纹质含角砾玻屑熔结凝灰岩，储量约110万$m^3$）、3号下畔石料场（岩性为含角砾熔结凝灰岩，储量大于500万$m^3$），总计抛填石料储量大于760万$m^3$，其质量和储量均可满足设计要求。

工程需抛石211.18万$m^3$，各类砌石23.03万$m^3$，石渣垫层8.18万$m^3$，碎石垫层31.37万$m^3$，合计约273.76万$m^3$，考虑损耗等因素，共需各类石料约303万$m^3$。根据工程布置、施工条件及各类石料的用量，计划开采1号穿礁石料场和2号达岛石料场，1号料场主要用于抛石料，2号料场主要用于块石料、碎石垫层料及不足部分的抛石料，3号下畔料场作备用料场考虑。

石料开采采用100型潜孔钻配手风钻造孔，炸药梯段爆破，由1～2$m^3$装载机装5～10t自卸汽车运输。水闸开挖石方合计约0.23万$m^3$和水闸围堰拆除约5.32万$m^3$石渣可用于海堤抛填，另外均需在石料场开采，约298万$m^3$。

### 7.2.2 砂石料

本工程混凝土总量约4.64万$m^3$，浆、灌砌块石6.37万$m^3$，共需成品砂石料约12.81万$m^3$，其中粗骨料约8.81万$m^3$，砂料4.0万$m^3$，另需碎石垫层料约31.37万$m^3$，石渣垫层料约8.18万$m^3$。工程区附近缺乏砂料，计划在市场采购商品砂（需到80km外的临海城关附近灵江中购买，船运至施工临时码头，上岸用汽车运至工地）。石渣垫层料采用1号穿礁石料场和2号达岛石料场的开挖石渣，碎石垫层料及各级粗骨料计划开采2号达岛石料场原料后轧制而得，拟在料场配备600×900颚式破碎机6台。

### 7.2.3 闭气土料

本工程共计闭气土方128.42万$m^3$。考虑到围区侧还需要填高，本工程所需闭气土料

采用围堤外海侧（距堤脚外100m）的海涂泥。储量丰富能满足设计要求。水闸土方开挖约0.71万$m^3$可用于海堤闭气土方填筑。

## 7.3　龙口、堵口设计和施工

### 7.3.1　设计标准

龙口度汛采用汛期10年一遇高潮位及其典型潮型设计，堵口合龙采用非汛期5年一遇高潮位及其典型潮型设计。

### 7.3.2　龙口设计

#### 7.3.2.1　龙口水力计算

1. 围区库容曲线

根据工程布置、围区地形特点等因素，工程围区由施工道路（一期施工道路顶高程4.0m）分隔成东、西两片围区，每片围区形成一个相对独立的封闭水系。西片围涂面积约为6100亩[1]，东片围涂面积约为4500亩。两片围区的水位-库容曲线见表7.4和表7.5。

表7.4　　西片围区水位-库容曲线表

| 水位/m | −0.5 | 0 | 1 | 2 | 3 | 4 | 5 |
|---|---|---|---|---|---|---|---|
| 库容/$m^3$ | 0 | 19 | 172 | 445 | 789 | 1182 | 1589 |

表7.5　　东片围区水位-库容曲线表

| 水位/m | −1.4 | −0.5 | 0 | 1 | 2 | 3 | 4 | 5 |
|---|---|---|---|---|---|---|---|---|
| 库容/$m^3$ | 0 | 48 | 125 | 367 | 644 | 922 | 1200 | 1478 |

2. 龙口水力计算

龙口水力计算采用河网非恒定流计算模型，将围区作为一个水库，龙口概化为堰，堰下为潮位边界。龙口水力计算按水量平衡计算涨落潮时内港水位、单宽流量和水头差随时间的变化规律，并推求最大流速。水量平衡基本方程式为

$$[Q_{内}-(Q_{闸}+Q_{泄}+Q_{渗})]\Delta T=V_2-V_1 \tag{7.1}$$

式中　$V_1$、$V_2$——$\Delta T$时段初、末港内水量；

$Q_{内}$——$\Delta T$时段内内陆流域来水平均流量；

$Q_{闸}$——$\Delta T$时段内水闸泄水平均流量；

$Q_{泄}$——$\Delta T$时段内龙口溢流平均流量；

$Q_{渗}$——$\Delta T$时段内龙口渗流平均流量；

$\Delta T$——时段长（1800s）。

两片围区汛期10年一遇高潮位及其典型潮型龙口度汛水力计算成果见表7.6和表7.7。

---

[1] 1亩=0.667$hm^2$。

**表 7.6　西片围区龙口度汛水力计算成果（汛期 10 年一遇高潮位及其典型潮型）**

| 底槛高程/m | 龙口宽度/m | | | |
|---|---|---|---|---|
| | 100 | 150 | 200 | 250 |
| | $V_{max}$（涨潮/退潮） | | | |
| 0.5 | 5.24/－4.27 | 5.18/－3.88 | 4.81/－3.48 | 4.41/－3.08 |
| 1.0 | 4.63/－3.80 | 4.63/－3.70 | 4.63/－3.44 | 4.56/－3.26 |
| 1.5 | 4.29/－3.45 | 4.29/－3.52 | 4.29/－3.32 | 4.29/－3.16 |
| 2.0 | 3.93/－3.01 | 3.93/－3.14 | 3.93/－3.14 | 3.93/－3.09 |

**注**　负号表示退潮时的流速，下同。

**表 7.7　东片围区龙口度汛水力计算成果（汛期 10 年一遇高潮位及其典型潮型）**

| 底槛高程/m | 龙口宽度/m | | | |
|---|---|---|---|---|
| | 100 | 150 | 200 | 250 |
| | $V_{max}$（涨潮/退潮） | | | |
| 0.5 | 4.94/－3.84 | 4.90/－3.52 | 4.79/－3.23 | 4.48/－3.04 |
| 1.0 | 4.63/－3.71 | 4.63/－3.42 | 4.58/－3.15 | 4.46/－2.96 |
| 1.5 | 4.29/－3.45 | 4.29/－3.30 | 4.29/－3.03 | 4.24/－2.86 |
| 2.0 | 3.93/－3.15 | 3.93/－3.12 | 3.93/－2.97 | 3.92/－2.81 |

**注**　负号表示退潮时的流速，下同。

### 7.3.2.2　龙口布置

龙口布置原则：

（1）龙口位置宜考虑围区涂面较低部位，以利于围区潮流进出。

（2）龙口位置应离水闸有一定距离，以免影响水闸施工和水闸泄流影响堵口。

（3）龙口两侧海堤的工作量相对均衡。

（4）龙口型式采用“宽浅式”龙口。根据龙口水力条件，为减小龙口流速防止冲刷和简化保护措施，目前我省大中型围垦工程和堵港工程的度汛龙口型式均采用“宽浅式”，即龙口宽度尽可能宽一些，底槛高程适当抬高。但考虑到施工期老围区内的排涝需要，龙口不宜太高，控制涨落潮流速在 4.0m/s 左右。

考虑到本工程多年平均潮位为 0.4m。经对不同龙口宽度、不同底槛高程进行龙口水力计算，从表中数值可见，涨潮流速大于退潮流速，当底槛高程超过 1.0m 以后，涨潮流速只随底槛高程而变化，与口门宽度无关，而退潮流速随底槛高程和口门宽度同时变化。根据类似工程龙口宽度的经验，选定西片围区度汛龙口宽度 200m，底槛高程 1.5m，布置在东顺堤靠近西顺堤东端侧，桩号东顺 0＋000～东顺 1＋200，龙口处的涨落潮最大流速分别为 4.29m/s 和 3.32m/s；东片围区度汛龙口宽度 150m，底槛高程 1.5m，布置在东顺堤靠近施工道路侧，桩号东顺 3＋350～东顺 3＋500，龙口处的涨落潮最大流速分别为 4.29m/s 和 3.30m/s。

**7.3.2.3**　龙口度汛保护

西片围区龙口宽度为200m，底槛高程为1.5m时和东片围区龙口宽度为150m，底槛高程为1.5m时，龙口最大流速均为4.29m/s。需对龙口底槛、龙口两侧堤头和龙口段内外海侧涂面进行保护以防止水流冲刷龙口。

根据依兹巴什公式计算：

$$v=k\sqrt{2gd\frac{r_s-r}{r}} \tag{7.2}$$

式中　$v$——石块的极限抗冲流速，m/s；

$d$——石块化为球形时的粒径，m；

$r_s$——石块容重，kg/m$^3$，按2600kg/m$^3$；

$r$——水的容重，kg/m$^3$；

$k$——综合稳定系数，主要与石块形状及其所处的边界条件有关，（平堵合龙，当石块抛在光滑平底河床时，$k$取0.9，当石块在粗糙河床或同种材料基础上时，$k$取1.2；立堵合龙，$k$取0.9。计算取1.1。

经计算，块石粒径需大于0.485m，块石容重按2600kg/m$^3$，底槛和龙口两侧堤头需采用大于160kg的块石进行干砌保护。龙口段内、外海侧涂面须进行护底，经计算，龙口段内、外海侧涂面护底长度各为15m，先在涂面上铺设30kN/m有纺土工布一层，再铺设0.5～0.8m厚碎石垫层，后抛大块石（大于160kg）。

**7.3.2.4**　龙口施工

龙口段按龙口设计断面施工，与海堤其他堤段一样先进行基础处理，即先铺设30kN/m有纺土工布一层，再抛80cm厚碎石垫层，并插打塑料排水板，最后铺设120kN/m有纺土工布一层，随后进行龙口底槛、龙口两侧盘头以及龙口内外侧涂面的保护。完成这些工作后，即可将此龙口搁置留待度汛，但仍需在每次汛期中经常观测其有无冲损情况，如有则应及时采取措施弥补，确保龙口度汛安全。

### 7.3.3　堵口设计

**7.3.3.1**　堵口条件及时间

1. 堵口合龙条件

（1）围区水闸已基本建成，并具有正常启闭排水挡潮、纳潮能力。

（2）非龙口段的围堤已达到堵口高程要求：石方填筑顶高程5.0m，土方填筑顶高程4.5m，其高程以下断面基本上达到设计断面要求。

（3）堵口段的石方备料已满足要求，施工机械、劳动力组织准备就绪，堵口程序和方法已作研究与技术交底。

（4）堵口报告已经上级主管部门批准。

2. 堵口时间选择

根据施工总进度安排，两片围区计划堵口时间均安排在第三年11月的一个小潮汛内，堵口合龙标准为非汛期5年一遇高潮位及其典型潮型。两片围区堵口合龙水力计算成果见表7.8和表7.9。

表 7.8　西片围区堵口合龙水力计算成果（非汛期 5 年一遇高潮位及其典型潮型）　单位：m/s

| 底槛高程/m | 龙口宽度/m | | |
|---|---|---|---|
| | 80 | 100 | 120 |
| | $V_{max}$ | $V_{max}$ | $V_{max}$ |
| 1.5 | 3.72/−2.98 | 3.72/−3.08 | 3.72/−3.10 |
| 2.0 | 3.30/−2.31 | 3.30/−2.45 | 3.30/−2.57 |
| 2.5 | 2.81/−0.87 | 2.81/−1.17 | 2.81/−1.40 |

表 7.9　东片围区堵口合龙水力计算成果（非汛期 5 年一遇高潮位及其典型潮型）　单位：m/s

| 底槛高程/m | 龙口宽度/m | | |
|---|---|---|---|
| | 50 | 80 | 100 |
| | $V_{max}$ | $V_{max}$ | $V_{max}$ |
| 1.5 | 3.72/−2.80 | 3.72/−3.00 | 3.72/−3.07 |
| 2.0 | 3.30/−1.95 | 3.30/−2.31 | 3.30/−2.46 |
| 2.5 | 2.81 | 2.81/−0.54 | 2.81/−0.98 |

#### 7.3.3.2　堵口施工方法和程序

堵口施工包括龙口束窄、堵口合龙、合龙后加宽加高和土方闭气。堵口前海堤其他标准段的土石方均已达到堵口要求的高程，在充分备料和周密组织的前提下，在小潮期采用临时截流堤将堵口合龙。

（1）龙口合龙。根据计算成果，底槛高程高于 1.5m 以后，龙口最大流速基本不随龙口宽度变化而变化，经非汛期 5 年一遇高潮位潮型水力计算，最大流速为 3.72m/s，小于龙口度汛最大流速 4.29m/s，因此合龙时底槛块石保护不会被冲刷。

龙口束窄采用双向立堵进占，堵口合龙采用抛石小断面，堵口合龙断面：顶宽 8.0m，顶高程 4.5m，两侧边坡为 1∶1.5，紧接着加高加宽截流堤。经计算，西片、东片堵口临时截流堤分别需石方 10500$m^3$、7875$m^3$（已考虑冲损），西片围区于第三年 11 月小潮汛的 3 天内完成，合龙采用双向立堵进占，施工强度为 3500$m^3$/d，经机械设备生产能力计算，需配 1～3$m^3$ 挖掘机 2 辆，80～100hp 推土机 2 台，5～10t 自卸汽车 30 辆，机械设备数量已考虑备用量。

东片围区于第三年 11 月小潮汛的 3 天内完成，合龙采用双向立堵进占，施工强度为 2625$m^3$/d，经机械设备生产能力计算，需配 1～3$m^3$ 装载机 2 辆，1$m^3$ 挖掘机 2 台，80～100hp 推土机 2 台，5～10t 自卸汽车 25 辆，机械设备数量已考虑备用量。

堵口截流以后，紧接着进行临时截流堤的拼宽和加高工作。

（2）堤身拼宽加高。堵口合龙完成后，即刻开始施工截流堤两侧镇压层和闭气土方，在两侧镇压的前提下再将堤身逐步加高至设计高程。

堵口合龙是海堤施工中的重要环节，必须根据潮位及施工强度精心组织施工，该段地基虽然经过处理，但因压载不够，固结不充分，堵口合龙时施工加荷速度快，地基来不及固结，靠镇压层保持海堤稳定，因此在加宽加高过程中，特别要仔细加强观测和巡视，找

寻海堤有无变形、裂缝和不正常沉陷，以便在发现苗头时及时采取相应措施。

(3) 土方闭气。石方堵口合龙后，马上进行土方闭气施工。计划先在抛石体内侧用袋装土封堵，小断面进行龙口闭气。小断面闭气初步完成后，采用活塞式淤泥输送泵进行加宽加高。土方闭气必须集中力量，在最短的时间内达到闭气的要求。

#### 7.3.3.3　堵口备料

堵口所需石料均需提前备足，且按大于1.5倍工程量备料，最终堵口合龙需备石方27563m³以上，其中西片石方15750m³，东片石方11813m³。

堵口所需土料直接取自围区海堤外海侧的滩涂之中，储量上能满足需要，故不需考虑备料，但在堵口前要做好开采的规划，确保开采过程能始终顺利进行。

#### 7.3.3.4　施工安全及应急措施

堵口合龙时间短，工程量大，施工强度很大，需要投入大量的人力和机械设备并白天黑夜不间断施工，工作面上容易造成车辆拥堵和其他安全隐患，因此堵口合龙前，施工单位必须制定周密的快速有序的施工方案，确保人车绝对安全和堵口合龙顺利进行。

1. 安全措施

(1) 落实执行企业安全管理体系，进一步加强在堵口合龙期间的安全教育。

(2) 确保道路交通安全，闲杂人等禁止进入施工区域和堤坝上。

(3) 建立现场安全员、坝头料场指挥员制度，一切服从指挥员，做到忙而不乱。

(4) 防止车辆侧翻和卸车时后翻，执行车辆距堤边线的安全距离控制。

(5) 料场装料注意装车质量，防止大块石卡车厢不易卸车或石料过满而在行驶途中落石的现象。车辆做到中速行驶。

(6) 夜间施工，在坝上设移动式灯光照明，随着坝体进占向前推进。

2. 应急措施

(1) 根据施工前期对本工程海区潮位的观测分析记录，提前准备好堵口合龙时的潮位资料，为堵口胜利合龙打好基础。

(2) 根据堵口施工特点，提前备好堵口合龙时必需的特大块石，同时准备好一定数量竹笼或钢丝笼，以备堵口施工时急用。

## 7.4　主体工程施工

本工程海堤位于台州电厂5号、6号灰坝的外海侧滩涂上，由西直堤、西顺堤、东顺堤和施工道路组成，海堤采用土石混合坝。

海堤工程共需抛石211.14万m³，闭气土方128.42万m³，石渣垫层6.69万m³，碎石垫层31.36万m³，PVC插板442.48万m，有纺土工布102.26万m²，无纺土工布25.14万m²，土工格栅5.45万m²，浆（灌）砌块石6.37万m³，干（理）砌、大块石理抛护面16.57万m³，混凝土3.91万m³。

海堤施工程序：30kN/m有纺土工布→基础碎石垫层→塑料排水板→120kN/m有纺土工布→堤身及镇压层抛石→石坝内坡石碴垫层、400g/m²无纺土工布及闭气土方紧跟→外坡混凝土栅栏板、灌砌块石及大块石机械理抛护面→混凝土灌砌块石陡墙→干砌棱体→混凝土路肩石→混凝土防浪墙→内坡石碴垫层及干砌块石护坡→土工格栅→泥结石路面→堤顶混凝土面。

1. 地基处理

地基处理采用 30kN/m 有纺土工布、基础碎石垫层、塑料排水板和 120kN/m 有纺土工布依次进行。

(1) 30kN/m 有纺土工布。利用低潮水位露滩时采用人工铺设在涂面上，定位准确后，边铺边用袋装碎石把土工布压牢以防潮浪卷走。

(2) 基础碎石垫层。80cm 厚的碎石垫层采用 5t 以下自卸汽车陆抛，其中东顺堤需候潮陆抛施工。碎石垫层必须紧跟 30kN/m 有纺土工布随铺随填。

(3) 塑料排水板。东顺堤采用水陆两用插板机插设，其余堤段采用陆用插板机低潮水位露滩时陆上施工。

塑料排水板海上施工程序如图 7.1 所示。

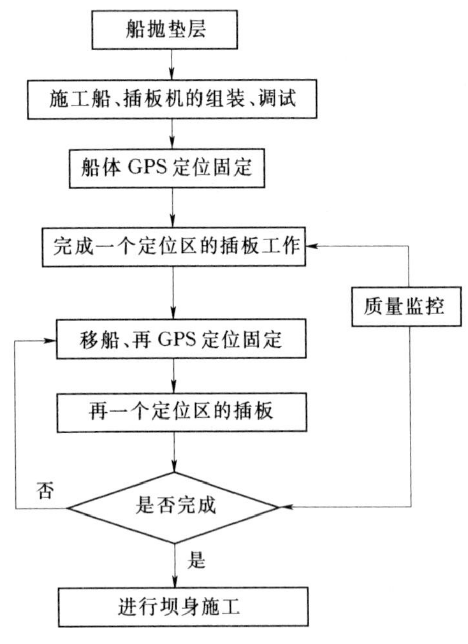


图 7.1 塑料排水板海上施工程序图

(4) 120kN/m 有纺土工布。在低潮水位露滩时采用人工铺设在塑料排水板和碎石垫层顶面上，并用大块石或袋装碎石压牢。

2. 堤身及镇压层抛石

堤身石方填筑除东顺堤高程 0.4m 以下采用候潮陆抛外，其余堤段采用自卸汽车陆抛的施工方法，石料采用围区东端的 1 号和 2 号料场。

堤身及镇压层抛石采用 1～2m$^3$ 装载机装 5t 自卸汽车运输，80～100hp 推土机配合平整。堤身石方必须遵循分层加高原则，加高必须控制在地基承载范围内，同时尽量做到加荷压载足而不超原则。

抛填采用端进法向前延伸立抛，采用分层流水阶梯式抛填，80～100hp 推土机平整层面，并根据实际运输车辆型号及海堤施工中堤身断面的宽度情况，适当设置临时回车道，以利施工车辆运行，堤身断面填筑到设计断面后用挖掘机整修边坡。

在石料装车过程中就应按设计要求为面层抛筑块石备料，用挖掘机边装车边选料，所选块石除满足设计之下限要求外，厚度大于 50cm 的块石亦不宜选用。选出的块石备料集中堆放备用。

面层块石抛筑之前，要利用大潮日低潮时刻用 80～100hp 推土机平整抛石顶面。局部凹坑及高程不足之处要用 5t 自卸汽车补抛到位。

退潮时挖机结合人工进行理砌，块石砌筑紧密，互相咬住，整体基本平整，厚度需达到设计要求。

抛石和镇压层石方施工时应预留超高。

3. 石碴垫层和无纺土工布铺设

采用 5t 自卸汽车运输，堤顶卸料经人工装双胶轮车运至工作面铺垫，分段铺设垫层

料时，必须做好接头处各层之间的连接，使接头处层次清楚，防止产生层间错动或折断混淆现象。

坡面反滤隔离土工布铺设在石碴垫层上，采用人工铺设，随铺土工布随填土，需注意土工布的老化及搭接要求，土工布不得有空洞或破损。

4. 闭气土方施工

土方填筑必须按照“石方领先，土方跟上，薄层轮加”的原则。

当堤身石方填筑至0.5～1.0m高程时，闭气土方应及时跟上，土方施工加荷一般每层控制在0.5m以下，并且有足够的间隙固结时间，以防止塌滑，一般不允许在同一地点连续不断往上加土，必须贯彻“流水作业、薄层轮加”的原则。

闭气土方全部取自围堤外海侧（距堤脚外100m）的海涂泥。而闭气土方最远处距海堤石坝外坡脚距离为60～110m，而目前常用的桁架式土方筑堤机、桥式土方机械的取土距离通常都在120m以内，土方施工设备特性见表7.10。

**表7.10　　土方施工设备特性表**

| 设备名称 | 施工特点 | 最大运输距离 | 挖掘量/（$m^3$/h） |
|---|---|---|---|
| 桁架式土方筑堤机、桥式土方筑堤机 | 输土含水量较小、固结速度较快 | ≤120m | 30～60 |
| 气力输泥系统 | 输土含水量小、固结速度快 | ≤200m | 60～90 |
| 活塞式淤泥输送泵 | 输土含水量最小、固结速度最快 | ≥300m | 100～300 |

针对本工程取土距离远、土方工程量大、土体在填筑时需加快稳定等特点，优先选用活塞式气力淤泥远距离输送泵输送至闭气土方填筑区进行填筑。

首先将挖泥船抓斗移至取土施工区域。利用船上的定位锚机定好船位，连接好泥泵输送管路，采用圆形空心的泡沫浮子套在输送管路的外面，使整根输送管路浮在水面上，便于整体移位和检修，在管路的出口处20m左右的地方设置小型划拖式工作平台，其上搁置有移动锚机和布料操作系统，工人可在其上直接操作布料厚度和前后的卸料位置。

当一个断面施工完成后，同时启动抓斗船，划拖工作平台上的锚机向施工顺序方向移动一个施工船位，这样周而复始，完成第一层施工后，回到原先开始处进行第二层施工，直至完成全部任务，如图7.2所示。

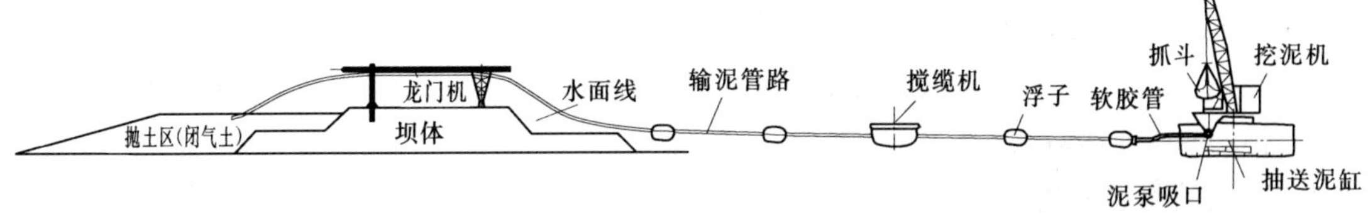


图7.2　活塞式淤泥输送泵施工工艺示意图

5. 干（理）砌块石

块石由自卸汽车运至施工点。干砌块石采用人工砌筑；理砌块石采用人工配合$1m^3$反铲挖掘机进行理砌。

6. 浆砌块石

块石由10t自卸汽车运至施工点，砂浆采用移动式0.4m³拌和机就近拌制，人工推双胶轮车运送，浆砌块石采用人工砌筑。

7. 混凝土灌砌石

块石由自卸汽车运至施工点，混凝土采用移动式0.4m³拌和机就近拌制，人工推双胶轮车运送，人工混凝土铺底、抬运块石摆放和混凝土灌竖缝，插入式振捣器振捣密实。

8. 混凝土栅栏板安放

混凝土栅栏板由20t自卸汽车运至施工点，采用15t履带起重机起吊安放。

9. 混凝土防浪墙及混凝土路面等混凝土浇筑

混凝土采用0.4m³拌和机就近拌制，人工推双胶轮车运送，入仓混凝土由插入式振捣器振捣密实。混凝土稳定层采用15t压路机压实。

## 7.5 施工交通运输

### 7.5.1 对外交通运输

工程区距临海市区约80km，距杜桥镇约11km。杜桥镇与75省道相接，工程对外交通以公路为主，并辅以水运，对外交通较为便利。上盘至本工程围区的道路为沥青混凝土路面，并与75省道相接。

根据资料调查及设计规划，工程区对外交通公路走线为：

$$\text{临海}\frac{\text{83 省道}}{\text{35km}}\text{涌泉}\frac{\text{83 省道}}{\text{11km}}\text{章安}\frac{\text{75 省道}}{\text{13km}}\text{杜桥}\frac{\text{乡镇公路}}{\text{10km}}\text{上盘}\frac{\text{乡镇公路}}{\text{11km}}\text{本工程围区}$$

目前现有道路已通至海堤两端，为沥青混凝土或泥结碎石路面。在5号和6号灰库之间施工道路外侧需修建施工道路，施工道路按施工道路要求设计，顶高程为4.0m。

水运主要以运混凝土细骨料为主，从临海灵江→淑江→施工临时码头。

### 7.5.2 场内交通运输

根据工程布置，需在1号穿礁料场附近修建一座施工临时码头。1号穿礁抛石料场和2号达岛块石及抛石料场均已有泥结碎石路面的道路通至附近，为配合水上抛石，还需修建1.0km长的料场场内施工道路，其等级为四级，泥结碎石路面。

## 7.6 施工工厂设施

### 7.6.1 混凝土拌和系统

工程混凝土主要包括水闸和海堤各类混凝土。由于建筑物较分散，不设集中的混凝土拌和系统，初拟在两闸址附近布设0.4～0.8m³移动式拌和机，海堤各类混凝土可临时布设0.4m³移动式拌和机。

### 7.6.2 碎石加工系统

计划在2号达岛石料场布置一套碎石加工系统，由毛料堆场、粗碎间、细碎间、筛分间、成品堆场组成，采用二段破碎，系统配备6台PE600×900、2台PEX-250/1000型颚式破碎机和2台2ZD2056型单轴振动筛。

### 7.6.3 修配加工企业

海堤施工的修配加工企业主要有机（汽）修配厂、钢筋加工厂、混凝土预制件厂等。

在1号穿礁石料场附近布置机（汽）修配厂混凝土预制场和钢筋加工厂等。

### 7.6.4 风、水、电系统

1. 供风系统

工程石方开挖量大，用风量大。拟在1号穿礁石料场设2台5L－40/8空压机和2台YW－9/7－Ⅰ移动式空压机；拟在2号达岛石料场设2台5L－40/8空压机和3台YW－9/7－Ⅰ移动式空压机。空压站主要技术指标见表7.11。

表7.11　空压站主要技术指标表

| 空压站位置 | 设计供风/($m^3$/min) | 空压机配备 | 数量/台 | 耗水量/($m^3$/h) | 设备容量/kW |
|---|---|---|---|---|---|
| 1号穿礁石料场 | 98 | 5L－40/8 | 2台 | 19.2 | 500 |
| | | YW－9/7－Ⅰ | 2台 | 3.6 | 180 |
| 2号达岛石料场 | 107 | 5L－40/8 | 2台 | 19.2 | 500 |
| | | YW－9/7－Ⅰ | 3台 | 5.4 | 270 |

2. 施工供电

工程施工用电主要采用电网电，施工用电已接通至现场附近，可以就近接线。计划在围区东端设800kVA变压器2台分别布置在1号、2号料场附近，考虑到地处海岛，不使施工中断，计划在1号和2号石料场各设一台200kW柴油发电机。

3. 施工供水

工程主要以石方开挖为主，用水量不大，施工用水可接用附近工业园区的自来水。设计高峰用水量：80$m^3$/h。

## 7.7 施工总布置

### 7.7.1 施工场地布置原则

施工总布置本着有利生产、便于管理的原则，采取分散、分片进行布置。工程办公及生活福利建筑、仓库、辅助企业等主要布置在6号灰库东端。2号达岛石料场零星地布置部分仓库和部分临时工棚、辅助企业。估计共需仓库1000$m^2$，办公生活福利建筑4500$m^2$，辅助企业3500$m^2$。

施工仓库、办公生活福利建筑及辅助企业见表7.12、表7.13和表7.14。

表7.12　各类仓库建筑面积表　单位：$m^2$

| 项　目 | 数　量 | 备　注 | 项　目 | 数　量 | 备　注 |
|---|---|---|---|---|---|
| 水泥库 | 200 | | 油库 | 100 | |
| 钢筋（钢材）库 | 100 | | 设备库 | 200 | |
| 木材库 | 50 | | 其他 | 250 | |
| 火工材料库 | 100 | | 合计 | 1000 | |

表 7.13　各类办公、福利设施建筑面积表　单位：$m^2$

| 项　目 | 数　量 | 备　注 | 项　目 | 数　量 | 备　注 |
|---|---|---|---|---|---|
| 办公室 | 200 | | 文化娱乐室 | 200 | |
| 宿舍 | 3200 | | 其他 | 600 | |
| 食堂 | 200 | | 合计 | 4500 | |
| 医务室 | 100 | | | | |

表 7.14　辅助企业建筑面积　单位：$m^2$

| 项　目 | 数　量 | 备　注 | 项　目 | 数　量 | 备　注 |
|---|---|---|---|---|---|
| 钢筋加工厂 | 300 | | 修配厂 | 500 | |
| 木材加工厂 | 200 | | 预制场 | 1500 | |
| 拌和站 | 100 | | 其他 | 500 | |
| 空压站 | 400 | | 合计 | 3500 | |

### 7.7.2　土石方平衡

本工程经土石方平衡，工程共需各类石料约 303 万 $m^3$。水闸开挖石方合计约 0.23 万 $m^3$ 和水闸围堰拆除约 5.32 万 $m^3$ 可用于海堤抛填。还需在石料场开采 298 万 $m^3$ 的石料，其中在 1 号穿礁石料场开采约 168 万 $m^3$，在 2 号达岛石料场开采 130 万 $m^3$，3 号下畔料场作备用料场考虑。

本工程所需的各类土方为 128.42 万 $m^3$，临建工程编织袋装渣土 1.6 万 $m^3$。水闸土方开挖约 0.69 万 $m^3$ 可用于海堤闭气土方填筑。不足部分采用围区外海涂泥和料场坡积土，还需海涂泥 127.73 万 $m^3$、渣土 1.8 万 $m^3$。

### 7.7.3　施工占地

本工程施工占地包括场内施工道路、块石料场、辅助企业、堆场、临时办公及生活福利设施、仓库及其他零星临时设施。施工临时占地约 80 亩（其中料场开采占地约 60 亩）。

## 7.8　施工总进度

### 7.8.1　进度安排原则

根据本工程的施工条件、工程布置及石料场等条件，因海堤基础采用塑料排水板处理，海堤Ⅰ期主要受抛石和闭气土方加荷控制制约。本工程施工总工期为 3.5 年（42 个月），围区配套工程施工可在海堤基本完成后逐步实施，未计入总工期内。根据施工进度安排，堵口时间安排在第三年 11 月份的一个小潮汛内。

### 7.8.2　施工分期

施工准备工程计划从第一年 9 月份开始，主体工程从第一年 11 月份开始。

施工进度分工程筹建期、工程准备期和主体工程施工期。工程筹建期不包括在总工期内，计划为 3 个月，主要进行政策处理、施工输变电工程及施工招投标等工作；工程准备期为 4 个月，主要进行临时房建、施工码头、施工道路及风、水、电、通信等系统的工程准备工作；主体工程自第一年 11 月开始至第五年 2 月底完工。

### 7.8.3 分项工程进度计划

1. 施工准备工程

计划从第一年9月至第一年12月，主要完成施工码头、碎石加工系统、临时生活福利用房、仓库、辅助企业等设施，为主体工程开工创造有利条件。为避免施工过程中碎石供应不上，建议在施工准备阶段轧制一定数量的碎石储存备用。

2. 海堤工程

施工道路计划从第一年11月至第二年3月完成高程2.0m以下施工道路，第二年4月至第三年2月完成全部工程。

西直堤、西顺堤和东顺堤东顺0＋000～0＋700段计划从第二年2月至第四年12月完成。其中东顺堤东顺0＋700以西段需待南洋排涝闸工程施工围堰完成后再进行其基础处理。

东顺堤东顺0＋900至东顺3＋350段需施工道路加高至2.0m高程后开始施工，计划从第二年4月开始进行基础处理施工，从第二年6月开始进行堤身及镇压层抛石施工，从第二年10月至第四年8月完成闭气土方施工，至第五年2月全面完工。

东顺堤东顺3＋500至东顺5＋150段计划从第二年2月至第四年12月完成。

西片围区龙口段（东顺1＋000至东顺1＋200）和东片围区龙口段（东顺3＋350至东顺3＋500）计划于第三年11月进行西片和东片围区的合龙施工。

### 7.8.4 主要工程量、劳动力及主要技术供应

1. 主要工程量

本工程海堤主要土建工程量汇总见表7.15。

表7.15 海堤主要土建工程量汇总表

| 项目名称 | 抛石/万$m^3$ | 闭气土方/万$m^3$ | 石渣垫层/万$m^3$ | 碎石垫层万$m^3$ | 土(石)方开挖/万$m^3$ | 干、理砌块石/万$m^3$ | 浆(灌)砌块石/万$m^3$ | 混凝土/万$m^3$ | PVC插板/万m | 土工格栅/万$m^2$ | 有纺土工布/万$m^2$ | 无纺土工布/万$m^2$ | 水泥搅拌桩/万$m^3$ |
|---|---|---|---|---|---|---|---|---|---|---|---|---|---|
| 西直堤 | 0.91 | 1.16 | 0.13 | 0.28 | | 0.11 | 0.13 | 0.04 | 1.78 | 0.15 | 0.87 | 0.41 | — |
| 西顺堤 | 20.14 | 23.69 | 1.49 | 4.46 | | 2.54 | 1.81 | 0.88 | 48.93 | 1.51 | 13.87 | 4.94 | — |
| 东顺堤 | 166.07 | 103.57 | 5.07 | 24.54 | | 13.92 | 4.43 | 2.99 | 376.31 | 3.79 | 77.67 | 19.76 | — |
| 施工道路 | 24.19 | | | 2.10 | | | | | 15.46 | | 9.85 | | — |
| 小计 | 211.14 | 128.42 | 6.69 | 31.36 | | 16.57 | 6.37 | 3.91 | 442.48 | 5.45 | 102.26 | 25.14 | — |

2. 劳动力及施工强度

本工程共需劳动力100万工日，施工高峰出工人数为1150人/日，平均出工人数为950人/日。

主要项目高峰时段的平均施工强度分别为：碎石垫层3.66万$m^3$/月；PVC排水板48.97万m/月；抛石11.56万$m^3$/月；闭气土方填筑5.74万$m^3$/月。

3. 主要材料用量

水泥：14200t；钢筋：590t；钢材：50t。

4. 主要施工机械设备

主要施工机械设备见表 7.16。

表 7.16 主要施工机械设备表

| 序号 | 名 称 | 规格 | 单位 | 数量 | 备注 |
|---|---|---|---|---|---|
| 1 | 插板机 | | 台 | 3 | 最大插入深 25m |
| 2 | 手风钻 | 01-30 | 台 | 40 | |
| 3 | 潜孔钻 | 100 型 | 台 | 15 | |
| 4 | 空压机 | 5L-40/8 | 台 | 4 | |
| | | YW9/7-1 | 台 | 5 | |
| 5 | 破碎机 | 颚式 600×900<br>PEX-250×1000 | 台 | 6 | |
| 6 | 装载机 | 1～3m³ | 台 | 10 | |
| 7 | 拖轮 | 240hp | 艘 | 1 | |
| 8 | 驳船 | 60～120m³ | 艘 | 1 | |
| 9 | 自卸汽车 | 5t 以下 | 辆 | 10 | |
| | | 5～20t | 辆 | 30 | |
| 10 | 推土机 | 80～100hp | 辆 | 4 | |
| 11 | 抓斗挖泥船 | 1m³ | 艘 | 6 | |
| 12 | 卷扬机带冲击锥冲孔设备 | | 套 | 2 | |
| 13 | 灌注桩混凝土灌注设备 | | 套 | 2 | |
| 14 | 水泥搅拌桩设备 | | 套 | 4 | |
| 15 | 活塞式淤泥输送泵 | | 台 | 3 | |
| 16 | 混凝土拌和机 | 0.4～0.8m³ | 台 | 7 | |
| 17 | 交通船 | 20t | 艘 | 3 | |
| 18 | 变压器 | 800kVA | 台 | 2 | |
| 19 | 柴油发电机组 | 200kVA | 台 | 2 | |
| 20 | 单轴振动筛 | 2ZD2056 | 台 | 2 | |
| 21 | 挖掘机 | 1～2m³ | 台 | 6 | |
| 22 | 载重汽车 | 10～15t | 辆 | 4 | |
| 23 | 履带式起重机 | 15t | 台 | 6 | |
| 24 | 压路机 | 15t | 台 | 3 | |

## 7.9 施工期度汛方案

### 7.9.1 概况

工程区地处东南沿海，雨量充沛，属中亚热带季风气候区，全年雨季为梅汛期（4 月 16 日—7 月 15 日）和台汛期（7 月 16 日—10 月 15 日），其中尤以台汛期间，台风活动频繁，降水相对集中，形成影响本地区的主要灾害性天气。本工程度汛主要是度台汛及

潮汛。

#### 7.9.2　度汛目标

本工程施工工期计 3.5a，共经历 3 个台汛期，故对施工度汛问题必须重视。主要包括龙口段的度汛保护、非龙口段海堤的保护、水闸的保护以及施工人员、机械设备和船只的安全。

#### 7.9.3　度汛标准

本工程度汛标准为：龙口度汛按汛期 10 年一遇高潮位设计，相应的高潮位为 4.57m；非龙口段海堤度汛按汛期 10 年一遇风浪设计，水闸围堰度汛按汛期 5 年一遇高潮位设计。

#### 7.9.4　对汛前工程面貌的要求

根据本工程施工进度计划安排，汛期来临前工程应达到如下度汛断面要求，以确保工程度汛安全。

(1) 第二年台汛前，海堤全线抛石至高程 0.0～1.0m 左右，龙口尚未形成，潮水能自由进出，流速约 2.0m/s，海堤表面采用块石保护，期间能满足度汛要求。

(2) 第三年台汛前，除东顺堤两龙口段各 200m、150m 外全线抛石至高程 4.5m 以上，潮水从龙口进出，抛石边坡及镇压层顶面采用大块石理砌护面。堤顶面临风浪越浪的威胁，需采取切实可行的堤坝保护预案和各种应急措施。龙口段两侧堤头部分及底槛采用大块石抛护，龙口段内外侧涂面护底采用抛石保护。海堤堤身外海侧边坡采用大块石（单块重不小于 70kg）保护，内侧边坡采用小块石保护。水闸施工受围堰或预留岩埂的保护，将穿礁排涝闸施工时间安排在第一年底至第二年初的非汛期和梅汛期内，将南洋排涝闸施工时间安排在第二年底至第三年初的非汛期和梅汛期内，以保证水闸施工安全。

(3) 第四年台汛前，海堤堵口已合龙，主体工程基本已完成，同时，水闸均已具备运行功能，此时已基本没有度汛压力。

#### 7.9.5　度汛保护总体方案

##### 7.9.5.1　工程度汛措施

(1) 准备一定数量的大块石和钢筋丝石笼等防汛物资和设备。

(2) 在堤身填筑过程中，外海侧边坡采用大块石（单块重不小于 160kg）抛填保护，内侧边坡采用小块石保护。较大块石尽量安排抛填于两侧及边坡位置。台风来临前，镇压层表面抛填大块石保护。

(3) 施工期堤顶面临风浪越浪的威胁，可采取铺土工布、压大块石等办法进行堤顶保护。

(4) 根据台风预报级别，在龙口两侧盘头位置加压大块石或钢筋丝石笼。

(5) 水闸施工尽量安排在非汛期内施工。若需在汛期施工，要特别重视围堰的安全，否则将危及水闸的施工安全，造成不必要的损失，同时可能影响龙口合龙时间，导致工期延误。

(6) 加快施工进度，确保堤身尽快施工到设计高程。

##### 7.9.5.2　设备、人员转移预案注意事项

台风来临之前，除做好抗台防汛的重点工作外，还需做好下列工作：

(1) 居住在工地上的人员在台风来之前全部撤离到安全地带避风，并将贵重物品

带走。

（2）海上作业的船只及时进港避风。

（3）运输机械、钢筋机械、装载机械等设备集中停放在设备停放场，停放场要求远离海边、山边，填筑场地的边坡、电线杆、房屋等不安全部位；模板等周转材料堆放在材料仓库内。

（4）各作业组登记作业人员名单及所在位置，台风来临时，所有人员撤到安全地带，并定时点名，在台汛警报解除之前，不得随时离开安全区域。

（5）高边坡作业要疏通周边排水沟，以便及时排除雨水，同时在高边坡标出危险区域，禁止设备停放和人员停留在危险区域，以防止由于地质灾害导致意外情况的发生。

注意事项：

（1）对本工程施工班组成员进行防汛抗台知识的教育，必要时，对相关人员进行演练。

（2）本工程的要求；防台为主，抗台为辅，人的生命安全第一。台风来临之前要做好充分的准备，台风来时看风力大小，酌情抗台，但始终要将人的生命安全放在第一位。

（3）由专人负责收听天气预报、台风消息和上级的有关指示，抗台防汛领导小组视风力大小和工程的实际进展情况及时调整抗台方案。

（4）接到台风消息后，所有人员手机不能关机，办公室电话不能用于私事和上网。

（5）台汛期间，始终与建设单位、监理单位、当地有关部门保持联系，统一抗台。

### 7.9.6 度汛组织

（1）建设单位应该设置专门的抗台防汛办公室，并由项目法人代表兼任主任，各施工单位、工程监理单位的主要负责人应是本工程抗台防汛办公室的重要成员。

（2）施工单位应编制度汛方案，建设监理单位予以审核并报上级主管部门批准。

（3）工程抗台防汛办公室应在汛期即将到来前，和临海市上级抗台防汛办公室、气象、航运、港口等部门加强联系，并请他们根据本工程的特点，对本工程汛期抗台防汛工作加以指导。进一步加强对台风、气象、潮位等观测和预报工作，制定详细的台风预警措施和条例。

（4）及时督促施工单位落实抗台防汛的有关措施，做好工程船舶的进港避风及其施工设备及有关人员转移和保护工作。

（5）落实专门人员做好汛期、台风期潮汐位观测和施工区域内安全保卫、应急抢救等工作。

（6）建设单位、施工单位和工程监理单位都应该加强对有关人员的汛期安全和应急措施的教育。

（7）配置汛期信息管理系统，汛期信息管理系统必须与所有工程参与方、气象、上级防汛抗台办公室及其医疗急救中心等保持畅通。必要时也应配置汛期备用信息通信系统。

# 参 考 文 献


［1］ 中华人民共和国住房和城乡建设部，中华人民共和国国家质量监督检验检疫总局．海堤工程设计规范：GB/T 51015—2014［S］．北京：中国计划出版社，2014：7.

［2］ 中华人民共和国住房和城乡建设部，中华人民共和国国家质量监督检验检疫总局．堤防工程设计规范：GB 50286—2013［S］．北京：中国计划出版社，2013：5.

［3］ 浙江省水利厅．浙江省海塘工程技术规定［S］．浙江：浙江水利水电出版社，1999：9.